"十四五"时期国家重点出版物出版专项规划项目

航天先进技术研究与应用系列

In-situ Mechanical Testing Technique and Its Applications in Nanomaterials

原位力学测试技术及其在纳米材料中的应用

王超 赫晓东 隋超 赵予顺 著

哈爾濱工業大學出版社
HARBIN INSTITUTE OF TECHNOLOGY PRESS

内容提要

本书全面介绍了微纳米原位力学测试技术及其在纳米材料和复合材料力学性质方面的应用。本书共分6章:第1章为绪论,综述了原位力学测试技术的基本原理及其在低维纳米材料和纳米复合材料力学性质分析中的应用;第2章介绍了氧化锡纳米线的制备及其拉伸力学性能,为其在能源存储和传感器等领域的应用奠定基础;第3章介绍了碳纳米管-碳纤维的制备及单根碳纳米管从碳纤维表面拉拔力学测试,揭示了碳纳米管与碳纤维之间界面力学对复合材料力学性能影响规律;第4章介绍了多层氧化石墨烯纳米片的制备及其拉伸力学性质,揭示了其在拉伸载荷作用下的断裂失效机理;第5章介绍了硒纳米片的原位拉伸测试及原子尺度模拟分析,揭示了其独有的各向异性力学性质;第6章介绍了二维COF薄膜的拉伸力学性质分析,揭示了其力学性质对缺陷不敏感现象。

本书旨在为学者、研究人员及材料科学爱好者提供深入了解纳米材料领域的机会,通过先进详实的科研案例为读者提供了对原位力学测试技术及其应用的全面认识,本书可作为高等院校和科研机构力学及材料学等专业相关科研人员的参考用书。

图书在版编目(CIP)数据

原位力学测试技术及其在纳米材料中的应用/王超等著.—哈尔滨:哈尔滨工业大学出版社,2024.4
ISBN 978-7-5767-1045-8

Ⅰ.①原… Ⅱ.①王… Ⅲ.①纳米材料-材料力学-研究 Ⅳ.①TB383.01

中国国家版本馆CIP数据核字(2023)第174167号

策划编辑 杜 燕
责任编辑 李青晏
封面设计 赵婧怡
出版发行 哈尔滨工业大学出版社
社　　址 哈尔滨市南岗区复华四道街10号 邮编150006
传　　真 0451-86414749
网　　址 http://hitpress.hit.edu.cn
印　　刷 哈尔滨市颉升高印刷有限公司
开　　本 787mm×1092mm 1/16 印张8 字数193千字
版　　次 2024年4月第1版 2024年4月第1次印刷
书　　号 ISBN 978-7-5767-1045-8
定　　价 38.00元

前　言

如今,我们正处在纳米科技变革时代,尤其纳米材料的发展势如破竹,彻底改变了我们的生活方式以及对客观世界的认识,同时也为其他高新技术领域的发展带来了前所未有的契机。纳米材料的力学性能在其实际应用中扮演着关键角色,然而由于纳米材料的微小尺寸为量化其力学性能带来了前所未有的挑战,在这一背景下,纳米材料原位力学测试技术应运而生,通过这一技术可以实时观察纳米材料在复杂外载荷下的结构演化及断裂失效行为,揭示其固有力学特征,可为纳米材料的发展和更广阔前沿领域的探索奠定坚实基础。

本书汇集了作者十余年来在原位力学测试技术及其先进纳米材料力学性质方面的科研成果。全书共包括 6 章,第 1 章介绍了原位力学测试技术的基本概念及主要发展历程,在此基础上,总结了原位力学测试技术在一维和二维纳米材料力学性能测试方面的进展,最后,总结了原位力学测试技术在纳米复合材料中的界面力学研究进展,通过该章可以让读者在纳米力学测试方面有一个较为全面的认识。第 2 章全面介绍了氧化锡(SnO_2)这一典型过渡金属氧化物半导体材料的电化学结构对力学性质的影响,发现了由电化学结构相变引起的材料塑性形变,为能源材料的研发提供了设计依据。第 3 章聚焦于碳纤维增强树脂基复合材料的力学性能,揭示了纳米尺度界面在材料性能中的关键作用,该章将读者引入复合材料领域,探究碳纤维等增强材料与基体之间的相互作用机制。第 4 章介绍了氧化石墨烯薄膜,揭示了其独特的结构与性能,为读者呈现了一种新兴的纳米材料类型,拓展了研究视角。第 5 章聚焦于三方相硒(t-Se)各向异性力学,从力学角度验证了范德瓦耳斯作用的材料组装能力。第 6 章深入研究了二维共价有机框架(COF)的力学性能,通过实验和理论相结合首次揭示了二维 COF 薄膜的缺陷不敏感本质。

总而言之,本书涵盖了纳米材料力学性能研究的多个维度。通过采用原位力学测试技术,作者不仅突破了传统研究的限制,更为读者提供了一个观察材料力学行为的窗口。原位力学测试技术的应用,使得我们能够更深入地理解纳米材料在受力下的行为,为纳米材料的应用与设计提供了更加可靠的实验基础。本书不仅展示了最新的研究成果,还为读者提供了未来科技发展的指引。本书将成为纳米材料研究领域的重要参考,推动该领域迈向新的高峰。

特别感谢本团队的赵国欣、郝维哲、李佳璇、程功、李钧姣、桑雨娜、赵晨曦、温磊、史可赛、黄满意、张紫琦、范云龙在本书撰写过程中做出的贡献。本书不仅展示了最新的研究成果，还为读者提供了未来科技发展的指引。

由于时间仓促，书中难免存在疏漏和不足，欢迎广大读者批评指正。

作　者

2023 年 8 月

目　录

第1章 绪　论

1.1 概　述

随着纳米科学与纳米技术的快速发展，具有优异力学、热学、光学、电学等性质的低维材料（金属纳米线、石墨烯纳米薄片等）有望成为下一代微/纳机电系统（micro/nanoelectromechanical system, M/NEMS）、柔性电子、锂电池等设备中核心部件的制备原材料。力学性质是研究材料其他特性的基础，材料的电、磁以及光电等物理特性可以通过施加机械载荷进行精准、可逆调控，并由此衍生出弹性应变工程，但由于其小尺寸、高表面积与体积比，低维材料表现出与宏观块状材料明显不同的力学响应，如何确定低维材料的力学性质成为研究热点。相较于理论推导、计算模拟，原位力学测试技术能够建立低维材料在载荷作用下的微观结构演化与力学性质实时对应关系，通过实时图像揭示材料潜在变形、失效机制，有效弥补了传统实验方法反推材料失效机理的不足，在近年来得到了广泛发展。因此通过原位力学测试技术深入研究低维材料的力学性质不仅能更好地认识材料本身，拓展微纳米力学，还有助于 M/NEMS 等下一代先进设备的功能设计、工艺制备以及服役寿命、可靠性评估等一系列关键步骤的进行。

1.2 原位力学测试技术研究进展

1.2.1 原位压痕技术

1. SEM 原位压痕仪实验技术

扫描电子显微镜（SEM，简称扫描电镜）对微纳米级别材料的形貌观察具有高分辨率、样品制备简单、操作简易等特点，从而在各个行业领域被广泛应用。将 SEM 与纳米压痕仪结合使用，可以进行微纳米力学测试且进行同步 SEM 成像，在微纳米结构材料大变形表征、精确定点实验、金属界面晶界等领域应用广泛。QUANTA FEG 450 场发射扫描电镜具备超高分辨（1.5 nm）扫描图像观察能力，尤其是采用最新数字化图像处理技术，提供高倍数、高分辨扫描图像，是纳米材料粒径测试和形貌观察的有效仪器，其放大倍数范围 6×~300 000×。设备具有高、低真空及环扫（≤2 700 Pa）模式，适用于导电、非导电、含水等样品，所以广泛用于生物学、医学、金属材料、陶瓷材料、地质矿物分析等方面，可以观察和检测非均相有机材料、无机材料及上述微米、纳米级样品的表面特征。PI85XR 原位压痕仪配合 QUANTA FEG 450 场发射扫描电镜来进行材料或者构件的微纳米原位观测，这套大型仪器不仅可以用于定量测量力、位移、电学、温度等信号，配合扫描电子显微镜还可精确定位并测试纳米尺度的材料或结构，并可观察变形全过程。该仪器在工业级降噪水平上可获得力量程为0~100 mN，位移最大值达150 μm，比旧型号PI85有巨大的飞跃（力量程为0~10 mN，位移最大值15 μm）。PI85XR原位压痕仪较大的力和位移量程，可以显著扩大测试范围：一些尺度较大或较硬的材料，需要更大的力使之产生变形、屈服和破坏断裂等；而位移的增大可以测试大变形材料如聚合物和有机材料等。为扩展SEM和纳米压痕仪的应用范围，提高应用水平和使用效率，可进行定性的划痕实验，针对某些特定材料如石墨烯，为了研究其润滑性或耐磨性，需要做划痕实验（与利用原子力显微镜（AFM）做划痕实验类似），这就需要在压针压入的过程中或者压针部分压入后，对压针进行面内的平移操作。还可扩大位移量程范围，对于纳米多孔材料，希望观察其发生大变形时局部细节的变化。

2. 原位压痕技术表征原子层沉积 Al_2O_3 超薄纳米薄膜的力学性能

一种基于扫描电子显微镜（SEM）的扫描探针显微镜（SPM）压痕原位测试系统，利用该系统在SEM真空腔室内对超薄薄膜进行压痕实验，可以实时观测压头尖端和样品表面的形貌，同时取得载荷与压痕深度的关系曲线；并且改进了现有的弹性模量计算方法，实现了对超薄纳米薄膜力学性能较高精度的表征。SPM-SEM联合测试系统是将SPM系统安装到SEM扫描腔室内，样品台平面与电子束成30°夹角，探针尖端部分和样品表面可以同时得到聚焦，在SEM下实时观测压痕过程，同时利用SPM系统定位操纵，从而达到原位压痕实验的目的。商业纳米压痕仪广泛采用的理论计算方法是经典力学Oliver-Pharr（OP）方法，通过卸载曲线来计算样品的力学性能。但是超薄纳米薄膜压入深度极小，黏附作用、塑性变形以及时效现象导致卸载曲线不准确。故实验中弹性模量的计算采用另一经典的赫兹接触理论模型，即通过等效曲率半径来描述接触区特征，在压痕深度很小时，球形压头与样品的垂直接触视为理想弹性变形，通常用加载曲线来计算样品的弹性模量值，可以有效地减小黏附作用以及时效现象产生的误差。实验得到结论：在150 ℃下利用原子层沉积（ALD）技术制备的 Al_2O_3 纳米薄膜为非晶态，其具有表面质量高（Ra=（1.2±2）nm）、厚度均匀的特点，且表面粗糙度 Ra 值与薄膜厚度无关；分析了硬质 Al_2O_3 超薄纳米薄膜压入过程中受到软质基底作用影响的情况，基于Hay模型消除了基底效应，并对模型中由于压头形状不同产生的误差进行了修正，得到了比较准确的弹性模量计算结果，其值为（175±10）GPa；原子层沉积制备的 Al_2O_3 纳米薄膜弹性模量值与厚度无关，没有表现出小尺寸效应。同一压入比（h/t=0.75）条件下，5组不同厚度薄膜去除基底效应前后的测量结果中，整体趋势为薄膜厚度越小，基底效应越明显，其中20 nm的样品薄膜-基底复合整体的表观弹性模量最小，去除基底效应后的差值最大。

1.2.2 SEM/TEM原位力学测试技术

由于纳米结构的尺寸较小，光学显微镜的分辨率无法检测到纳米晶体结构的变化，因此需采用高分辨率电子显微镜对微/纳米结构进行微观分析。第一台电子显微镜诞生于1933年，此后3年时间内，研究人员开始将原位技术与显微镜结合，深入研究纳米材料。原位测试手段的加入不仅丰富了纳米研究的方法，而且拓宽了纳米研究的范围。随着原位技术的快速发展，目前根据测量器件可分为基于AFM和基于MEMS两种。

1. 基于 AFM

传统的 AFM 基于激光束偏转，受操作空间和光程限制，通常不集成在 SEM 内。但近年来一些使用自传感悬臂和音叉的无激光 AFM 可很容易地集成于 SEM 腔室内，赋予 SEM 内微纳米操作可编程、自动化和特异性等独特优势，成为纳米科学发现的强大驱动力。实验时，力加载通常由微操作器或者具有较大弯曲刚度的 AFM 完成，根据试样另一侧 AFM 探针的挠度测量试样所受载荷。为了实现精确定位和操作，目前已经研制出多种基于压电驱动的多自由度微操作器，如图 1-1 所示。

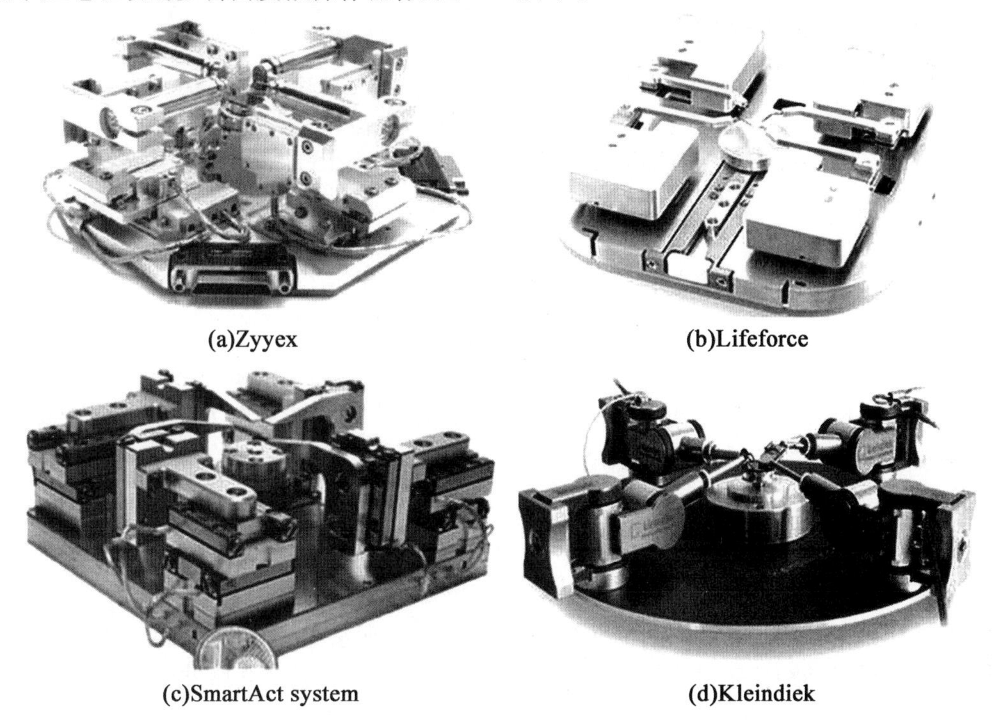

(a)Zyyex　(b)Lifeforce

(c)SmartAct system　(d)Kleindiek

图 1-1　几种多自由度微操作器

这些平台和纳米操作技术使纳米材料的原位表征、纳米器件原型的组装以及亚细胞器的分析成为可能，不过在实现高精度、鲁棒性、灵活性和高通量的三维纳米操作方面仍然存在挑战。目前大多数基于 SEM 的纳米操作任务都是手动执行的，虽然已经开发了许多传感技术以集成到纳米操作系统中，但自动化仍然依赖于扫描电镜成像作为反馈。SEM 的低帧速率和实成像的高噪声、漂移和失真阻碍了实现用于高速纳米操作的末端执行器和目标物体的可靠视觉跟踪和位姿估计。因此必须开发先进的视觉跟踪方法来处理模糊和扭曲的扫描电镜图像，同时为了有效地决策、规划和操作，需要采用来自图像、力、深度和位置传感模式的集成信息的先进控制方案。

2. 基于 MEMS

微电子产业的快速发展促进了 MEMS 制造技术的显著进步。MEMS 尺寸小，易与 SEM/TEM（TEM 为透射电子显微镜，简称透射电镜）等进行集成，不仅通过批量制备降低了实验成本，还能实现试样的多物理场性质探究，因此为低维材料的性质测量提供了一种新的范式。

(1)有源 MEMS。

有源 MEMS 作为完整的材料测试系统,具有片内驱动元件,静电执行器和热执行器是最为常见的两种。

①静电执行器的基本工作原理是通过固定极板对可动极板的静电吸引力使可动极板向固定极板移动。如图 1-2(a)所示平行板静电执行器,下极板固定,上极板可沿 x 方向或 y 方向移动,极板宽度为 b_0,初始重叠长度为 a_0,初始间距为 g_0,电势差为 V,电荷量为 Q,介电常数为 ε。则极板间电容 C 为:

$$C=\frac{\varepsilon b_0(a_0+x)}{g_0-y} \tag{1-1}$$

平行板静电执行器所具有的静电势能 U 为:

$$U=\frac{Q^2}{2C}=\frac{1}{2}CV^2 \tag{1-2}$$

当可动极板沿 x 方向移动时,板间间距 g_0 保持不变,则产生的静电力 F_x 为:

$$F_x=\frac{\partial U}{\partial x}=\frac{\varepsilon b_0 V^2}{2g_0} \tag{1-3}$$

可见当极板间距保持不变、改变重叠面积时,将产生恒定的静电力。若可动极板沿 y 方向移动,重叠长度 a_0 保持不变,则产生的静电力 F_y 为:

$$F_y=\frac{\partial U}{\partial y}=\frac{\varepsilon a_0 b_0 V^2}{2(g_0-y)^2} \tag{1-4}$$

与式(1-3)相比,极板间距逐渐减小时产生的静电力不再是恒力,而是与极板间距的平方成反比。正是源于静电力的非线性增长,使得这种驱动方式存在吸合(pull-in)现象,即当可动极板移动距离超过临界平衡点(pull-in 点)后,两极板会突然发生吸合现象。若忽略极板漏电现象,在外部负载弹性系数为 k 时系统具有的共能 E_c 为:

$$E_c=\frac{\varepsilon a_0 b_0 V^2}{2(g_0-y)}-\frac{1}{2}ky^2 \tag{1-5}$$

当系统处于平衡点时,可动极板所受合力 F_{net}(以间距减小方向为正)应为零,即共能对极板间距一阶偏微分为零:

$$F_{net}=\frac{\partial E_c}{\partial(g_0-y)}=-\frac{\varepsilon a_0 b_0 V^2}{2(g_0-y)^2}+ky=0 \tag{1-6}$$

根据共能最小定理,系统处于稳定态时共能对极板间距的二阶偏微分应为零:

$$\frac{\partial^2 E_c}{\partial(g_0-y)^2}=\frac{\varepsilon a_0 b_0 V^2}{(g_0-y)^3}-k=0 \tag{1-7}$$

联合式(1-6)、式(1-7)可得:

$$y_{pull\text{-}in}=\frac{g_0}{3} \tag{1-8}$$

式(1-8)表明平行板静电执行器的 pull-in 现象严重限制了驱动力和驱动位移,因此常采用具有多对平行板的静电梳齿执行器以增大驱动力，如图 1-2(b)所示。

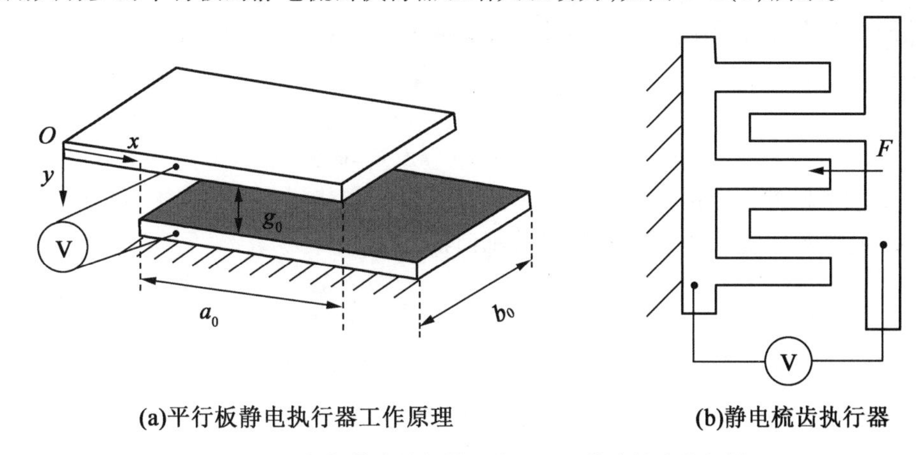

(a)平行板静电执行器工作原理 (b)静电梳齿执行器

图 1-2 平行板静电执行器工作原理和静电梳齿执行器

基于静电梳齿驱动原理，国内外开展了广泛研究。日本立命馆大学 Mario Kiuchi 等人设计了一套静电驱动纳米拉伸测试平台，通过末端悬臂梁杠杆机构实现拉伸位移的放大以便于图像分析，位移分辨率可达 0.17 nm。有限元分析结果表明，虽然悬臂梁放大机构产生了几何不对称，但接触点处可能存在的摩擦力引起的试样横向滑移与试样直径相比可忽略不计，从而保证纳米试样处于纯拉伸状态，便于分析实验现象和结果。东京大学 Toshiyuki Tsuchiya 等利用静电梳齿驱动和差分电容传感设计了载荷、位移分辨率可分别达 2 nN、0.2 nm 的 MEMS 实验平台，试样所受拉伸载荷是通过 O 型弹簧的形变测量的。之后他们对该实验平台进行了改进，通过平行板来产生更大的拉伸载荷，但实验结果表明该平台在 80 nm 位移行程内具有较好的线性度，但在超过此范围后误差增大，原因在于平台两端支撑刚度较小，平行板静电执行器发生偏转从而出现非线性情况，这一点可通过有限元分析得到验证。而多伦多大学 Zhang 等设计了一种用于力-电耦合测量的 MEMS 平台，该平台采用静电梳齿作为微执行器，通过实验过程中平行板间的电容变化，以电信号形式对位移和载荷进行测量。考虑到位移传感器中平行板移动范围大于力传感器中平行板移动范围，因此二者采用了不同的交错方式。Elhebeary 等提出了基于单晶硅的 MEMS 实验平台，可用于高温下(450 ℃)微/纳米级试样的原位弯曲测试，该实验平台可使试样中的单轴应力状态最小化，而最大化其弯曲应力以达到高应力状态，并保证试样不会出现过早失效，同时为解决试样的转移、对中等问题，采用了联合制造方式。

在国内，中国科学技术大学 Zeng 等为了减少 MEMS 平台的制造工艺复杂度，以两端固定的细长梁代替差分电容作为传感器，设计了一套用于纳米线力-电耦合测量的实验平台，通过电子束诱导沉积(EBID)方法对试样进行转移和固定，实现了对碳化硅、铜纳米线的单轴拉伸测试。中国科学院上海微系统与信息技术研究所 Yang 等设计了适用于 Gatan 646 TEM 双倾样品杆的静电驱动 MEMS 平台。该平台中具有 706 对梳齿，可在 44 V 驱动电压下实现 1 μm 的拉伸位移，并能实现±10°的双倾斜角。考虑到拉伸测试中试样的稳定以及尽可能减小振动、碰撞等意外情况，他们还设计了刚度较大的支撑梁结构。

②热执行器的工作原理是利用电流产生的焦耳热效应使材料发生热膨胀，从而进行

位移驱动，根据构型可分为 V 型、Z 型等。图 1-3(a)为常见的 V 型热执行器，现取一对斜梁进行力学分析，并利用对称性可得在平均温升 ΔT 下一对斜梁因温升引起的轴向输出位移 u_1 为：

$$u_1 = \alpha \Delta T l \frac{\sin\theta}{\sin^2\theta + (h/l)^2\cos^2\theta} \tag{1-9}$$

式中，α 为材料的热膨胀系数；h 为斜梁厚度；l 为长度；θ 表示斜梁与水平方向的夹角。当仅有外部负载 F 作用时，V 型热执行器的轴向输出位移 u_2 为：

$$u_2 = \frac{Fl}{2Ebh} \frac{1}{\sin^2\theta + (h/l)^2\cos^2\theta} \tag{1-10}$$

式中，E 为材料的弹性模量；b 为斜梁宽度。V 型热执行器的轴向刚度 $K_{\text{stiffness}}$ 为：

$$K_{\text{stiffness}} = 2Ebh \frac{\sin^2\theta + (h/l)^2\cos^2\theta}{l} \tag{1-11}$$

故对于具有 n 对斜梁的热执行器进行试样拉伸时，轴向位移 u 与温升 ΔT、外载荷 F 间的关系为：

$$u = \frac{2n\alpha\Delta T Ebh\sin\theta - F}{K_{\text{stiffness}}}$$

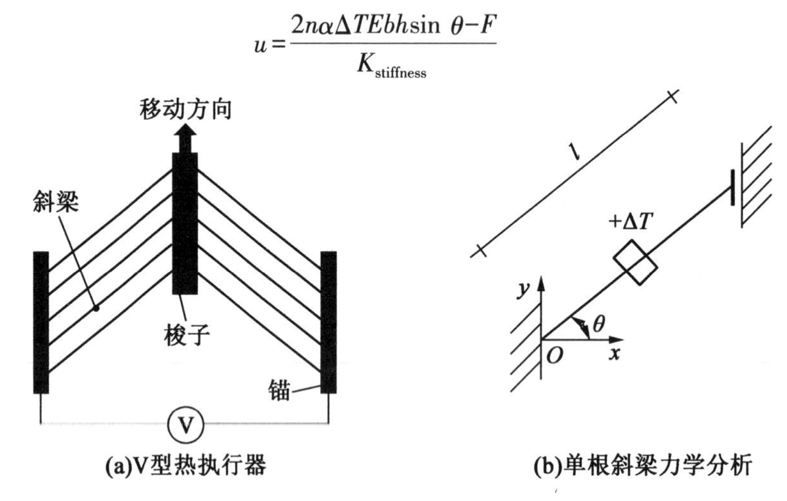

图 1-3 V 型热执行器和单根斜梁力学分析

目前根据热驱动原理已经开发了许多原位实验平台。美国西北大学 Espinosa 等设计了一种基于 V 型热执行器驱动和差分电容传感的 MEMS 平台。根据载荷传感器中电容变化可测得试样所受拉伸载荷，结合 V 型热执行器的驱动位移能够测量试样变形。这种采用电信号而不是通过电镜成像测量变形，可以减少对试样，尤其是有机聚合物的损伤。此外在测试区进行金属淀积，可通过四点法进行电学性质测量，将该平台测量功能拓展至力-电耦合测量。意大利特伦托大学 Pantano 等设计了一种采用 V 型热执行器的正交加载-拉伸 MEMS 平台。为了减少因 V 型热执行器热膨胀而带来试样的非预期温升，设计了兼具位移放大(位移放大倍数可达到 19.44)和载荷传感功能的细长梁，从而该平台可工作在较小的驱动电压下。然而，梁的传感功能与其截面尺寸息息相关，在实验过程中存在不可避免的温漂，梁的截面形状将发生变化进而改变梁的刚度，而且温漂也会在试样上产生额外的拉伸位移，这种现象随驱动电压增加愈发明显。与其设计思想类似，Zhang 等利用两侧对称的V型热执行器以保证试样处于单轴拉伸状态,设计了一种适用于Gatan 646TEM双倾样品杆的V型热执行器同向拉伸平台。前述MEMS平台多采用硅或多晶硅材料作为热执行器,但近年来难熔金属也逐渐成为热执行器的候选材料。卡耐基梅隆大学Ni等选择金属钼作为热执行器的结构材料,其热膨胀系数约比硅衬底大两倍,可更容易在相同电压驱动下产生较大位移。为了控制制备工艺过程中的残余应力,避免利用氢氟酸去除二氧化硅牺牲层过程中存在氢注入钼晶格而增加残余应力,选择了氮化铝作为牺牲层材料,并用氢氧化钾溶液释放牺牲层。

(2)无源MEMS。

除了片内驱动外,借助于外部执行器驱动的MEMS平台也受到了广泛关注。Saif等提出了一种以外部压电马达驱动、采用两端固定梁作为力传感器的MEMS拉伸平台,在平台上设置了位移观测点A和B,用以计算试样的位移变化,并通过梁的刚度进行载荷计算。支撑梁的设计是为了保证试样处于纯拉伸状态,有限元分析表明,当加载处具有18°的对准误差时,通过支撑梁的抑制作用,试样移动端仅有1.33×10^{-5}°的误差,因此支撑梁对横向位移可进行有效改善。Kazuo Sato等根据力矩平衡原理,利用杠杆机构设计了一种正交加载-测试系统。为保证试样为纯拉伸状态,杠杆旋转的固定点需落在扭杆上。在线性范围内,可通过加载处的挠度计算试样的力与位移。这种方法能够解决试样的对中、夹持等问题,但测量数据中包含了附加结构的影响,并且压针在作用过程中易受摩擦力影响。Han等设计了一种具有压阻传感器的MEMS平台,通过在两组悬臂梁上各放置4个压阻传感器构成惠斯通半桥实现载荷和位移的测量。该平台理论设计拉伸位移可达5.47 μm,产生55 mN拉伸载荷,分辨率分别能达到0.19 nm和2.1 μN,但由于制备工艺过程中离子注入的不均匀性,因此实验值与理论分析值存在较大差距。Haque等提出了一种利用两组不同长度的细长梁后屈曲力学响应的拉伸测试系统,通过细长梁后屈曲状态下横向位移放大和结构刚度衰减获得纳米级力分辨率和纳米级位移分辨率。并建立了细长梁轴向压缩δ与横向位移D、试样拉伸载荷P与横向位移D间的解析关系,同时设计了游标便于读取横向位移,由于基于梁的后屈曲变形,这种方法会呈现明显的非线性变化。Zhang等设计了一种自对准的推-拉转换(push to pull,PTP)MEMS测量平台,该平台利用圆柱锚固定端,可以实现试样轴线与载荷的自动对准,经过自对准模块将外部执行器施加的压力转化为对试样的拉力,从而实现试样的单轴拉伸。但自对准模块受到刻蚀工艺的影响,固定圆柱壁面会呈现深浅不一的沟壑状,有不超过1°的制造误差。

Bruker商用PTP装置常规型如图1-4(a)所示,通过特殊的几何结构,将样品杆金刚石压头的压缩载荷转化为对试样的拉伸载荷,并且具有较高的稳定性和线性度,能够实现4 μm的拉伸位移。通过PI85测量平台在SEM或者PI95样品杆在TEM中进行原位测试,可实现2~10 nm/s的加载速度,位移分辨率和载荷分辨率分别可达到0.02 nm和3 nN。常规型的PTP试样固定区域宽度为2.5~8 μm,对于高分子聚合物薄膜,聚焦离子束(focus ion beam, FIB)处理会对试样带来损伤,因此Velez等对此进行了改进,使其试样区的宽度增加并且设计了应变自锁结构,能够更好地成像,如图1-4(b)、(c)所示。此外,通过金属镀膜工艺,该商用PTP装置也可拓展为用于力-电耦合测量的实验平台E-PTP。

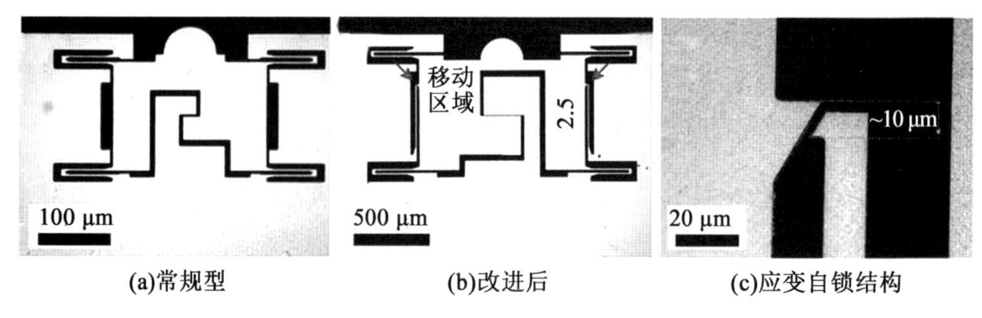

(a)常规型　(b)改进后　(c)应变自锁结构

图 1-4　Bruker 商用 PTP 装置

Ganesan 等设计了一种 θ 型的 PTP，将竖直压缩载荷转换为试样的水平拉伸载荷，并通过优化斜梁的三维尺寸和倾角，能够获得较高的灵敏度。该装置采用有限元分析，对试样刚度和整体刚度值间的函数关系进行数据拟合，并经过实验进行修正。除了采用基于绝缘体上硅（SOI）的刻蚀工艺，近期 Lu 等还报道了一种基于投影微立体光刻的超高分辨率 3D 打印制造技术，这种增材制造技术能显著提升几何设计复杂度并降低成本，提升生产效率。不过这种 θ 型的 PTP 会导致试样在拉伸过程中除具有水平方向的移动，还将在竖直加载方向发生移动，从而影响原位观测区域。

（3）具有反馈调控策略的 MEMS 实验平台。

为提高力分辨率，载荷传感器的刚度应尽可能小，但这将引起试样在拉伸实验中发生刚体位移；或在试样裂纹萌生初期，其承载能力下降导致力传感器释放部分弹性能，进而加剧试样裂纹萌生和扩展，最终试样过早失效。因此，为了充分了解失效过程和机制，必要的反馈调控机制是需要考虑的。目前提出了两种调控方法，即通过外部反馈控制和结构刚度增强调控。

Espinosa 等在其开发的 MEMS 平台中增加了静电执行器，通过外部比例-积分-微分（proportional-integral-derivative, PID）反馈控制系统向静电梳齿执行器施加相应的驱动电压，以保持载荷传感器始终处于零位移状态以阻止传感器的弹性能释放。虽然载荷传感器失去了传感功能，但可以从末端静电执行器中的驱动电压转换得到试样拉伸载荷。Saurabh 等设计了一种采用双电容读数的 MEMS 平台，使得力传感器可以运用反馈控制回路进行控制以抑制弹性能的释放。但这种方法相比于差分电容读数，噪声抑制会大为削弱，并且热执行器带来的温漂也不可避免，而且还必须对两个传感器进行电气隔离，带来制造工艺的复杂性。Stangebye 等通过此平台揭示了拉伸过程中高能电子束对铝和金薄膜试样的影响，结果表明电子束不会改变材料的变形机制，但会加速应力驱动的热激活塑性变形。Zhu 等提出了使用一个多通道电容读数以同时测量位移和载荷，并利用 PID 反馈控制的 MEMS 平台，该装置可实现位移或者载荷控制模式。该装置中试样的一端是固定的，可以消除潜在的刚体位移。此外，压阻执行器也可用于反馈控制。Jing 等设计了一种与 V 型热执行器工作原理类似的 Z 型热执行器（ZTA），利用硅材料的压阻特性进行位移控制，Z 型热执行器可作为双输入（外加电流和力）和双输出（位移和电阻）系统，通过计算有无外力作用下位移相对变化，可以感应所施加载荷大小并进行驱动电流更新，从而实现精确的位移控制。

增加拉伸测试系统的结构刚度也是避免试样过早失效的一种重要方式。Shin 等利用 Bruker 商用 PTP 装置,在实验过程中额外加入与试样相同的纳米线以提升 PTP 的固有结构刚度,用于控制位错成核时的弹性能释放速率。韩国科学技术院 Ahn 等设计了一种结构刚度可达 18 000 N/m 的 PTP 实验平台,并基于 SOI 材料通过体微加工保留了一个可移动质量块以实现运动传递。由于共振频率与柔度和质量乘积成反比,与 Bruker 商用 PTP 相比较而言,Ahn 等设计的 PTP 共振频率低一个数量级,这能在测试试样失效过程中提供额外的“减速效应”。

(4)高应变率测试平台。

微/纳机电设备的工作频率范围可能处于 kHz ~ MHz,为了解动力学系统中材料的力学性能,需开展高应变率拉伸实验以研究材料的屈服和延展性。而 MEMS 拉伸实验平台除了能在准静态拉伸条件下对材料力学性能进行表征,还具有测试高应变率下材料力学性能的兼容性。Espinosa 等利用上述带有反馈控制的 MEMS 平台,通过设计驱动电压,可实现应变率介于 2^{-4} ~ 2 s^{-1} 范围内的拉伸实验。由于热执行器的热瞬态和系统惯性,限制了应变率的继续提升,该团队又提出了一种采用压电驱动的 MEMS 平台,并进行了位移放大,理论上应变率可以达到 10^6 s^{-1},从而能够与分子动力学(MD)模拟结果进行对应比较。

1.3　纳米材料力学性质研究进展

1.3.1　1D 纳米材料

1D(一维)纳米材料主要包括纳米线、纳米管以及纳米柱等,其直径分布于几纳米至几百纳米之间,高表面积特性使其展现出优异的力热光电等物理化学性质,并在多个领域具有广阔的应用前景。在电子元器件方面,1D 纳米材料良好的载流子输运性能等特点,使其广泛应用于纳米电子元器件、透明导电薄膜、光电探测器以及纳米传感器等。在储能器件方面,1D 纳米材料较高的比表面积和优异电化学性质,使其可以用于制备高效的能源存储和转换器件,如锂离子化学电池、太阳能电池以及超级电容器等。在生物医学方面,1D 纳米材料具有良好的生物相容性以及生物活性,被认为是用于药物输送、细胞成像和组织工程等多方面的优异材料。此外,将 1D 纳米材料与其他材料进行组装可以构筑高强、热稳定以及高导电性的多功能复合材料,在航空航天、交通运输等领域具有极大的潜在应用前景。而力学性能作为材料最基础同时也是最重要的性质,对材料的多功能应用集成具有显著影响,因此,探究 1D 纳米材料的力学性能对于其对功能设备中的可靠性以及弹性应变工程应用等具有极其重要的意义。

1. 1D 金属晶体材料

纳米材料与宏观块体材料的力学性质具有显著性差异的原因在于“尺寸效应”,整体表现为“越小越强”,即在纳米尺度下,试样尺寸在很大程度上影响着材料的力学性质,例如金属材料纳米晶格也可表现出优异的压缩比强度和可恢复性,这与块体材料的有限延展性相比截然不同。当直径为数百纳米的晶体金属柱进行单轴压缩实验时表现出强烈的尺寸效应,并发现其位错从自由表面产生而并非材料内部,这也暗示着纳米尺度下材料的变形机制也与块体材料有所不同。

实验发现，金属晶体纳米线具有显著的弹性和塑性变形行为。Yue 等在高分辨率电子显微镜下对 Cu 纳米线进行原位拉伸实验，结果表明其弹性应变超过 7.2%，非常接近弹性应变理论极限。Zeng 等利用自主设计的 MEMS 实验平台对直径为 220 nm 的 Cu 纳米线进行了原位拉伸，能够观察到明显的弹性和塑性变形阶段，并测得其弹性模量为(102.7±10.2)GPa，弹性应变极限约为 1.3%，最大应变为 6%，实验结果中的偏差主要是由试样结构缺陷所引起的，包括试样所用 Cu 纳米线内部并非完美单晶以及表面附着有氧化层；此外不同拉伸应力下 Cu 纳米线的 $I-V$ 曲线几乎重叠，进一步证实了其并不具有压阻效应。Zhang 等对直径为 87 nm 和 101 nm 的 Cu 纳米线进行了原位 TEM 实验，测得其弹性模量为(94±3)GPa，但观察到 Cu 纳米线呈现类脆性断裂现象。

Zhu 等对五重孪晶 Ag 纳米线进行了原位拉伸实验，结果表明随着 Ag 纳米线直径从 130 nm 下降至 34 nm 时，其弹性模量、屈服强度和拉伸强度均呈上升趋势，获得的最大屈服强度值约为块状材料的 50 倍，十分接近其在<110>晶向的理论值，并首次报道了纳米线中的应变硬化效应。Yang 等通过 TEM 原位拉伸实验获得了直径为 45 nm 的 Ag 纳米线应力-应变曲线，其呈现出明显的弹性-屈服-塑性 3 个阶段，实验测得 Ag 纳米线的弹性模量为 121 GPa，断裂强度为 2.7 GPa，相应的断裂应变为 2.3%。Bernal 等利用四点法，在其自主开发的 MEMS 实验平台上进行了五重孪晶 Ag 纳米线的原位拉伸实验，其电阻值与应变间存在着明显的函数关系，证明了 Ag 纳米线的压阻特性。Ramachandramoorthy 等通过 TEM 原位拉伸研究了应变率对双晶 Ag 纳米线力学行为的影响，发现在 0.2 s^{-1} 应变率阈值下 Ag 纳米线会发生显著的脆性断裂向韧性断裂转变，这对于纳米谐振器以及纳米开关等动态应用类功能器件的可靠性至为重要。

此外，Wang 等则发现 Nb 纳米线的伸长率高达 269%。Ganesan 等通过自主设计的 θ 型 PTP 对直径介于 200~300 nm 的 Ni 纳米线进行了原位表征，测得其弹性模量为 55~63 GPa，拉伸强度为 1.35~1.9 GPa，失效应变为 2.11%~4%。Shin 等通过改进 Bruker 商用 PTP，提升实验平台的固有结构刚度以控制位错成核时的弹性能释放速率，成功观测到 Pd 纳米线屈服后的稳定和可扩展塑性。金属纳米材料如此优异的力学性能使其将在下一代柔性电子、传感器等领域大放异彩，并且还可用于纳米复合材料中，例如 NiTi-Nb 纳米复合材料不仅有优异的力学性能，还可平衡模量、强度及弹性应变间的关系，成为航空航天以及生物医学领域具有潜在优势的形状记忆复合材料。

随着微电子产业的不断发展，其关键尺寸不断降低，直径为几纳米的超薄金属纳米线将在功能器件中扮演重要角色，因此功能器件的可靠性成为设计工作中的重要一环。然而理论计算和实验均表明超薄金属纳米线的变形、失效机制极有可能与较大直径的纳米线存在显著差异，例如 Cao 等观察到超薄 Ag 纳米线的失效模式由韧性断裂转变为脆性断裂，这将显著影响到功能设备的可靠性。除此之外，还发现在超薄纳米线中存在一些独特行为，例如当 Au 纳米线直径在 3~10 nm 时存在着“冷焊”现象，该过程并不需要外部提供热源或者高负载，这一特性使其有望应用于未来金属 1D 纳米结构的自底向上组装以及超密集逻辑电路中的接头；又如“瑞利不稳定”现象，即在适度加热下超薄纳米线的形态将发生显著变化，这可能影响其在某些功能领域中的应用。此外，对于涉及循环加载的功能器件,纳米材料的疲劳行为也需进行考虑。Jiang 等开发了一套基于数字微镜的新型高周弯曲和扭转应变微器械,用于 1D 纳米材料的弯曲或扭转疲劳研究。Zhang 等通过 θ 型 PTP 实验装置研究了单晶 Ni 纳米线在 0.5 Hz 和 10 Hz 加载频率下的低周疲劳行为,实验结果表明单晶 Ni 纳米线疲劳失效时的应力幅值大于单调准静态拉伸实验所确定的比例极限。

2.1D 共价晶体材料

共价晶体材料中原子以共价键相结合,宏观表现为非常坚硬且脆,而在微/纳米尺度下共价晶体却可以承受大变形而不发生机械非弹性软化或失效,这源于纳米级试样中缺陷稀少,定向性强的共价键能够在限制载荷条件下极大程度抑制非弹性变形。常见的共价晶体材料包括单晶硅(Si)、锗(Ge)、立方氮化硼(c-BN)、氮化硅(SiN)以及金刚石等。

Si 纳米线是极具研究价值的 1D 共价晶体材料之一,虽然块状硅表现出明显的脆性,但 Zhang 等通过原位 TEM 拉伸实验发现,通过气液固法(VLS)制备得到的直径约为 100 nm 的单晶 Si 纳米线在室温下表现出超过 10%的弹性应变,非常接近其理论极限,并且当施加 13%的应变后 Si 纳米线依旧具有可恢复性。Zhu 等利用含碳质材料的电子束诱导沉积(EBID)方法,将硅纳米线分别黏附在微操纵器钨探针和 AFM 探针上进行原位拉伸,首次测得硅纳米线沿[110]晶向的弹性模量和断裂强度分别为 169 GPa 和 15.2 GPa,沿[111]晶向的弹性模量和断裂强度分别为 188 GPa 和 18.8 GPa。Tsuchiya 等采用联合制造方法,在 SOI 器件上制备了直径约为 150 nm 的 Si 纳米线,测得其拉伸强度为 2.6~4.1 GPa。Zhang 等开发了一套可用于力-电耦合测量的原位拉伸实验平台,并对 Si 纳米线的力学性质和压阻性质进行了表征,测得其弹性模量为(165.4±3.9)GPa,零应变下电阻为 $5.9\times10^{11}\ \Omega$,而在 3%应变条件下电阻值降低了 26.8 倍,可见其具有明显的压阻特性。Bernal 等也对 n 型[111]晶向 Si 纳米线的压阻效应进行了原位实验,发现其压阻系数与块状材料相接近。金刚石作为自然界中最硬的材料,其高载流子迁移率使其广泛应用于高频电子器件中,但却受到有限变形和高脆性的限制。不过 Banerjee 等发现单晶金刚石纳米针可承受高达 9%的弹性弯曲变形,接近其理论弹性应变极限,并且金刚石纳米针在承受大变形后还可完全恢复而未断裂,这一发现暗示着金刚石纳米材料新的应用方向。

除元素 1D 共价晶体材料外,化合物共价纳米结构与其块状形态相比亦具有更高的变形能力。Zhang 等通过原位拉伸实验测得 SiC 纳米线的弹性应变约为 2%,而 Lambrecht 等测得 SiC 纳米线的弹性应变为 4.5%,与其通过第一性原理计算得到的理论值 5%非常接近。Zeng 等测得 SiC 纳米线的弹性模量为(203.5±20.7)GPa,断裂应变和应力分别为 3.68%和 7.5 GPa,呈现典型的脆性断裂;通过分析不同拉伸应力下 SiC 纳米线的 I-V 曲线发现,在拉伸初始阶段 SiC 纳米线表现出巨大的压阻效应,其规范系数(GF)值高达 -580(负号表示 SiC 纳米线电阻随应力增加而减小)。Chen 等通过原位 TEM 压缩实验探究了不同类型的单晶 GaAs 纳米线的弹性行为,发现其断裂应变高达 10%,而 Casari 等则通过在单晶硅衬底上淀积单晶 GaAs,研究了拉伸-压缩强度不对称性。可见纳米尺度下,共价晶体材料的变形能力显著优于其块状结构,并且它们难以像金属纳米材料那样进行塑性变形,变形行为多发生在弹性阶段。

与共价晶体材料相比,离子晶体材料由于其键合特性,具有与之类似的力学特性,如脆性高但强度低。Xu 等对 ZnO 纳米线进行了沿[0001]极向的原位 SEM 拉伸和屈曲实验,发现当 ZnO 纳米线直径从 80 nm 下降到 20 nm 时,拉伸模量和弯曲模量均有所增加,并且弯曲模量增幅更快,表明决定 ZnO 纳米线弹性尺寸效应的主要是表面强化。Desai 等基于梁的后屈曲变形力学响应测试平台开展了 ZnO 纳米线的测试,发现其断裂应变可达 5%~15%。Polyakov 等通过原位 SEM 弯曲实验测量了 CuO 和 ZnO 纳米线的弹性模量和弯曲强度,并通过韦伯统计比较了两种材料的弯曲强度,结果表明 CuO 纳米线的特征强度 σ_0 为 6.5 GPa,而 ZnO 纳米线的特征强度 σ_0 为 3.2 GPa。Guo 等采用 Bruker 商用 PTP 对 VO_2 纳米线进行了原位拉伸实验,并观察到拉伸过程中 VO_2 纳米线的 M1-M2 相变过程,测得 M1 和 M2 相的弹性模量分别为(128±10)GPa 和(156±10)GPa。Zeng 等通过对四方氧化锆材料进行原位实验时发现其拉伸强度和压缩强度相当,显著区别于块状材料,并得到多晶和少晶纳米纤维的拉伸强度为 0.9~1.4 GPa,单晶梁的拉伸强度为 2.1~3.2 GPa。

3.1D 碳纳米材料

1D 碳纳米材料主要包括碳纳米管(carbon nanotubes, CNTs)、碳纳米线、富勒烯纳米线等。碳纳米管具有极高的强度、模量和断裂韧性,Treacy 等首先利用透射电镜原位测量的方法,发现碳纳米管的弹性模量可达 1 TPa。随后,Demczyk 等在透射电镜下对多壁碳纳米管(MWCNTs)进行了原位拉伸实验,测量得到其拉伸强度为 150 GPa,弹性模量为 0.9 TPa,并且在断面没有明显的径向收缩。Zhu 等通过一种新型的材料原位力学测试系统测量得到多壁碳纳米管的断裂强度为 15.84 GPa,原子图像显示,碳纳米管在塑性加载阶段晶体结构会转变为不定形碳。Yu 等利用两个 AFM 探针进行了多壁碳纳米管拉伸实验,测得弹性模量为 270~950 GPa,断裂强度为 11~63 GPa,并观察到多壁碳纳米管呈现剑鞘模式的断裂形式。Kuzumaki 等在透射电镜下对碳纳米管进行了原位弯曲实验,实验观察到碳纳米管在弯曲过程中发生了塑性变形,且发生弯曲变形是由于碳的圆柱形网络的压缩侧发生屈曲,表明碳纳米管具有很好的柔韧性。碳纳米管除了具备超强的力学性能,其电学、热学性能同样十分优异,研究发现,碳纳米管的电导率高达$(1\sim2)\times10^6$ S/cm、热导率高达 3 000~3 500 W/mK。并且通过实验方法制备出的单根碳纳米管长径比非常大,直径通常为几到几十纳米,而长度可达微米级甚至米级。因而碳纳米管十分适合用来制备宏观大尺度材料。目前,基于碳纳米管结构,人们制备出了多种不同形态的宏观材料,如碳纳米管薄膜、巴基纸、碳纳米管气凝胶以及碳纳米管纤维等。在其他 1D 碳纳米材料实验研究方面,Kiuchi 等设计了一套新的静电驱动纳米拉伸测试装置对碳纳米线进行了原位测试,测得其弹性模量为 42.6~80.7 GPa,而断裂应力和断裂应变分别可达 4.3 GPa 和 8%。Tsuchiya 等通过联合制造方式对富勒烯纳米线进行了原位拉伸实验,测得其弹性模量为 5.9 GPa,拉伸强度为 17 MPa。Espinosa 等利用其自主开发的 MEMS 实验平台开展了由聚丙烯腈静电纺丝制备的碳纤维原位拉伸实验,发现当碳纤维直径低于 170 nm 时,其弹性模量和断裂强度显著增加,这是首次有关碳纤维的显著尺寸效应报道。

1.3.2 2D 纳米材料

自 2004 年英国曼彻斯特大学 Andre K. Geim 等通过胶带反复撕离石墨得到单层石

墨烯以来，近年来已经发现和制备得到了越来越多的2D(二维)纳米材料，包括黑磷、六方氮化硼(hBN)、过渡金属二醇化物(TMDs)、金属氧化物、石墨碳氢化物($g-C_3N_4$)以及过渡金属碳化物或氮化物(MXene)等。由于具备高强度、高电子迁移率、高导热性以及高透射性等优异的物理化学性质，2D纳米材料将成为制备下一代晶体管、触摸屏等功能设备的理想材料，其中2D金属纳米材料由于其各向异性结构以及在催化、生物成像、传感等领域的广阔应用前景已经获得了极大的研究兴趣，而MXene虽然是2D纳米材料中的新成员，但由于其具有较好的金属导电性以及亲水性，将成为催化剂、传感器以及电磁屏蔽等领域的潜力候选材料。无论是器件结构设计还是功能应用，材料的力学性能都是需要考虑的关键因素，因此为了保证功能器件的可靠性，对2D纳米材料的力学性能和变形机制有清晰的理解是至关重要的。

石墨烯是由碳原子间通过共价键结合而成的蜂窝状二维晶体结构，高强度的共价键赋予石墨烯超高的力学性质，其断裂强度和弹性模量分别高达约125 GPa和约1.1 TPa。实验表征方面，原子力纳米压痕测试技术和原子力显微镜等先进实验技术被广泛用于研究石墨烯的力学性能。Lee等采用纳米压痕实验方法获得了悬置石墨烯的抗拉强度和弹性模量分别为130 GPa和1 TPa。Annamalai等通过纳米压痕技术研究了石墨烯层数和石墨烯固定程度对石墨烯力学性能的影响，研究发现石墨烯的抗拉强度和弹性模量会随着石墨烯的层数增加以及固定程度增加而显著增加。Poot等在实验上研究了多层石墨烯的抗弯刚度和应力变化，发现其与石墨烯厚度成正比。Frank等对悬置在二氧化硅片上的石墨烯材料进行拉伸测试，得到其弹性模量为0.5 TPa。Cao等利用Bruker商用PTP进行了单层石墨烯原位拉伸实验，证实了其工程拉伸强度可达50~60 GPa，相应的弹性应变约为6%，并且进一步发现即使对于存在边缘缺陷的大面积区域，也依旧表现出近乎理想的力学性能和鲁棒性。

除石墨烯薄膜外，Cooper等利用AFM压痕技术进行了MoS_2压痕测试，结果显示MoS_2局部工程应变可高达25%，Song等发现hBN的局部工程应变也可高达22%。Li等对MXenes(Ti_2CT_x、$Ti_3C_2T_x$)进行原位拉伸测试时发现，当层数发生变化时(Ti_2CT_x为9~26，$Ti_3C_2T_x$为7~52)，弹性模量几乎保持恒定，分别为217.75 GPa和204.92 GPa，而拉伸强度略有下降，分别为9.61~7.59 GPa和9.89~7.99 GPa，这也就意味着与石墨烯和MoS_2叠层相比，堆叠MXene单层数量的依赖性将弱很多，有助于MXene力学性能的充分发挥，并可作为复合材料中的优异增强材料。Saif等开发了新的原位实验平台，并对金属铝薄膜进行了测试，发现其屈服强度可达块状材料的33倍，并报道了室温下铝薄膜发生塑性变形后发生回复现象，同时观察到铝薄膜断裂前的裂纹萌生和扩展状态。Li等通过联合制造方法，在自对准PTP实验仪器上对Si膜进行了原位拉伸，得到其拉伸断裂强度为0.13~1.2 GPa，这种差异存在的原因主要在于刻蚀工艺的影响。Yoshioka等则对SiO_2和Si_3N_4薄膜进行了原位测试，测得两种材料的弹性模量分别为74 GPa和370 GPa，断裂应变分别为2.5%和3.8%。借助Yoshioka等设计的实验平台，Li等测量了坡莫合金($w(Ni)=80\%$，$w(Fe)=20\%$)试样的弹性模量为96.4 GPa，拉伸强度为1.61 GPa，断裂应变约为2%。

断裂韧性也是2D纳米材料力学性质实验测量的重点之一。Ahn等利用自主设计的高结构刚度 MEMS 实验平台进行了含单边预裂纹的 Cu45Zr55 金属玻璃薄膜原位测试,测得其断裂韧性为 1.96 MPa$\sqrt{m}$,同时采用 Bruker 商用 PTP 测量得到的断裂韧性为 2.51 MPa$\sqrt{m}$;而在应力-应变曲线上 Ahn 等设计的 MEMS 实验平台还可捕捉到脆性断裂初期的应力下降过程。Zhang 等利用 θ 型 PTP 测量了基于化学气相沉积(chemical vapor deposition,CVD)法制备得到的含预裂纹的少层石墨烯断裂韧性,获得其应力强度因子 K_c 为(4.0±0.6)MPa$\sqrt{m}$,相应的应变能释放率为 15.9 J/m^2,符合 Griffith(格里匪斯)失效准则,首次揭示石墨烯属于脆性断裂。Wei 等则结合有限元分析与原位实验,测量了多层石墨烯和氮化硼的断裂韧性,其数值分别为(12.0±3.9)MPa$\sqrt{m}$和(5.5±0.7)MPa$\sqrt{m}$。此外,他们还设计了 U 型和 V 型裂纹尖端以探究裂纹尖端形状对材料断裂韧性的影响,结果发现氮化硼比石墨烯对裂纹尖端形状更具有敏感性。

1.4 纳米复合材料界面力学性质研究进展

1.4.1 纳米材料界面力学

1.1D-1D 纳米材料界面

1D 纳米材料的组装可以形成跨尺度材料,而这些材料的界面力学性质对于整体材料的力学性能来说至关重要。界面剪切、界面滑动和界面摩擦是 1D-1D 纳米材料的重要界面力学性质。界面剪切是指在两个不同材料的接触面上发生的剪切应力。在 1D 纳米材料的组装中,界面剪切可以导致界面的失效,从而影响整体材料的力学性能。为了减少界面剪切的影响,可以通过增加界面黏合力或者在界面处引入其他结构来加强界面的强度。界面滑动是指在两个不同材料的接触面上发生的滑动运动。在 1D 纳米材料的组装中,界面滑动也会导致界面的失效,从而降低整体材料的强度和韧性。为了减少界面滑动的影响,可以采用一些措施,例如增加材料的黏着性,或者在界面处引入其他结构来增加摩擦力。界面摩擦是指在两个不同材料的接触面上发生的摩擦力。在 1D 纳米材料的组装中,界面摩擦同样会对材料的力学性能产生影响。合适的摩擦力可以保持界面稳定,防止界面剪切和滑动,从而增加材料的强度和韧性。

(1)界面剪切行为研究。

原子光滑的碳表面导致单个纳米管在受到外部负载时很容易在壁内彼此滑过,与多壁碳纳米管(MWCNTs)中观察到的剑入鞘破坏机制类似,使用硅悬臂基力传感器的原位扫描电镜测试装置,可以将 MWCNTs 内壁从纳米管中拔出。为了更好地比较不同直径管束的相互作用,在剪切界面处评估管间相互作用的数量以归一化拉拔力,将其转换为平均界面剪切强度(约为 7.8 MPa)。但该值仅对应于真实界面剪切强度的下限,因为估算时假设界面面积是连续的,而离散的 CNT-CNT 界面在轴向上会产生高度不均匀的界面剪切应力。为此,最近的研究证明了可以制备厘米长的超强碳纳米管束,具有连续长度和均匀初始应变,拉伸强度可高达 80 GPa,甚至高于交联碳纳米管束(约为 17 GPa),后者受晶体结构退化的限制。Xia 等进行了具有不同 sp^3 键比例的 MWCNTs 在横向剪切、单轴压缩和拉拔加载配置下的分子动力学模拟。MWCNTs 中的壁间剪切耦合对载荷传递和压缩承载能力有很强的影响。建立了一种新的连续介质剪切耦合壳层模型来预测多壁碳纳米管的屈曲,该模型与所有分子动力学模拟结果吻合较好。这项工作表明,多壁碳纳米管可以通过控制壁间 sp^3 耦合来增加载荷传递、屈曲强度和纳米管拉出的能量耗散,这些都是纳米复合材料良好性能的必要特征。Li 等采用原子力学方法研究了碳纳米管在不同角度接触时的界面剪切强度,发现平行碳纳米管的轴向界面剪切强度在相适应时比不相适应时大两个数量级,呈现强烈的手性依赖;同时,交叉接触碳纳米管对的界面剪切强度对手性的依赖性要小得多。界面剪切强度的估计值在 0.05 ~ 0.35 GPa 之间,这些结果可以作为解释观察到的主要由范德瓦耳斯(vdW)相互作用结合的碳纳米管束和薄膜的拉伸强度以及含有高浓度碳纳米管的复合材料的力学行为的基础。Tobin 等应用实验-计算方法研究了单个双壁纳米管(DWNTs)束中相邻 CNTs 之间的剪切相互作用,通过原位扫描电子显微镜的方法测量从 DWNTs 的外层拉出内部的 DWNTs 束所需的力,发现远远大于基于分子动力学模拟的裸碳纳米管预测载荷,进一步得到实验测量的拉拔力可能部分来自于碳纳米管自由端羰基官能团、碳纳米管-碳纳米管相互作用的褶皱以及由它们相互作用而导致的纳米管多边形化的微小贡献。为研究碳纳米管纱线和纤维的捻制力学以及纺丝对纱线力学响应的影响,Reza 等对紧密填充的单壁碳纳米管(SWCNTs)和双壁碳纳米管小体系进行了全原子学研究,发现扭转管束通过增加相互作用面积,在一定程度上增强了 CNTs 束中的管间相互作用。当管道扭-扭超过最佳角度时,过度截面变形突出,削弱了管间抗剪强度。为生产具有高强度和高韧性的碳纳米管纱线,Mohammad 等将功能化碳纳米管束之间的纳米力学剪切实验与多尺度模拟相结合,发现与原始碳纳米管之间的“裸”范德瓦耳斯相互作用相比,聚甲基丙烯酸甲酯(PMMA)类低聚物对碳纳米管束的原位化学气相沉积(CVD)官能团化可以提高束结的剪切强度。剪切强度的增强可以归因于束中聚合物链的互锁机制,其主要由范德瓦耳斯相互作用主导,以及剪切过程中链条的拉伸和对准。与共价键不同,这种协同弱相互作用可以在失效时重新形成,从而产生强大而坚固的纤维。

(2)界面滑动行为研究。

Zhang 等研究了双壁碳纳米管的壁间摩擦,发现壁面摩擦力与内壁拉出速度呈线性关系。双壁碳纳米管中的轴向曲率导致壁间摩擦显著增加,轴向曲率也会影响内壁的滑动行为。Li 等通过分子力学模拟研究了多壁碳纳米管中部分外壁对其他内壁的拉拔过程,研究了嵌套壁之间的滑动行为,发现双壁碳纳米管和多壁碳纳米管的拉拔力与临界壁直径(即滑动表面的直接外壁)成正比,与纳米管长度和手性无关。得到的结果表明,传统的界面剪切强度定义不适用于多壁碳纳米管嵌套壁面之间的滑动行为。Akita 等展示了一种基于多壁纳米管内壁的提取新方法,利用扫描电子显微镜内部良好控制的电击穿和操作过程的组合,为扫描探针显微镜提供了一种带帽的锋利探针。实验测得的内壁抽出滑动力与基于纳米管内外壁间范德瓦耳斯相互作用的理论预测一致。因此,该工艺实现了纳米管夹层的理想滑动。利用这种方法,Akita 等成功地测量了单个多壁纳米管的层间滑动力,直径为 5 nm 的夹层滑动力保持在 4 nN 不变。由于这一现象与基于范德瓦耳斯引力的理论预测和基于经验势的分子力学计算相吻合,所提出的过程为纳米管层间提供了理想的线性滑动界面，有助于构建多壁纳米管纳米力学体系。为探究管间距、管长和管壁数对多壁碳纳米管滑动行为的影响，Song 等进行了分子动力学模拟，模拟结果表明，无论管长和管壁数量如何，较小的管间距均可为管间载荷传递提供有效通道，并允许管壁的力学参与。此外，多孔碳纳米管的滑动行为与管长和壁数有很强的相关性，尤其是小管间距的多孔碳纳米管。而且，由于三壁碳纳米管（TWCNTs）的管间距较小，在拉拔过程中会形成管间 sp^3 键。

（3）界面摩擦行为研究。

Osamu 等利用透射电镜和纳米操作系统研究碳纳米管间的静摩擦力，发现静摩擦力与碳纳米管表面状态有很大关系。通过化学气相沉积生长的两个碳纳米管之间的作用力要比高结晶碳纳米管大得多。生长后的碳纳米管表面一般有非晶态碳和缺陷。对于碳纳米管纱线，影响碳纳米管之间相互作用的是来自表面粗糙度的摩擦力而不是范德瓦耳斯力。Servantie 等发展了计算动摩擦系数的理论和数值方法，基于绝热近似，用两个滑动物体之间的力的自相关函数的时间积分来表示动摩擦系数；通过分子动力学模拟计算物体的运动和自相关函数，得到结果为在两个同心碳纳米管的一维运动中，动摩擦系数随温度的升高而增大。Kis 等开展了在长时间循环伸缩运动的多壁碳纳米管层间力测量，发现作用在核心和外壳之间的力被稳定缺陷以超低滑动摩擦的形式调制。Zhang 等完成了环境条件下厘米长的双壁碳纳米管的超润滑性的实现，两个不对称的固体表面之间的摩擦几乎消失，纳米管可以连续拉出厘米长的内壁，壁间摩擦小于 1 nN，且与纳米管长度无关。Bhushan 等用多壁碳纳米管传统 AFM 探针的尖端来研究纳米管交叉连接处的摩擦。纳米管之间的相互作用导致 AFM 悬臂梁振动幅度衰减，通过分析悬臂梁的耗散振动功率，得到了纳米管之间的摩擦力。通过实验得到纳米管之间的动摩擦系数为 0.006 ± 0.003。Yang 等通过摩擦能研究单壁碳纳米管之前的界面力学性能，通过单壁碳纳米管拉伸测试得到平均归一化摩擦能为 0.22 N/m。摩擦能随着管间距的增大而减小，存在碳纳米管越大摩擦能越低的尺寸效应，此外一束碳纳米管比单一的管摩擦能低。

2. 2D-2D 纳米材料界面力学

与 3D（三维）晶体材料和 1D 纳米线不同，大多数 2D 纳米材料具有层状结构，该结构由每层中的共价键组成，并通过范德瓦耳斯相互作用堆叠在一起。这种特殊的晶体结构可能赋予这些 2D 纳米材料独特的力学性能，具有较高的平面内刚度和强度，但弯曲刚度极低。对力学性能和潜在机理的研究不仅有助于我们更好地了解 2D 纳米材料，而且是开发新应用的关键步骤，因此本小节将围绕最近关于 2D 纳米材料界面力学的实验和理论研究展开讨论，包括 2D-2D 纳米材料界面的法向（黏附/压缩）和切向（剪切/摩擦/滑移）相互作用等。

最近，通过将不同的 2D 纳米材料叠加在一起，出现了一种新的材料设计范式。结果表明，通常被称为范德瓦耳斯异质结构的层状结构，具有较强的层内共价键和相对较弱的层间范德瓦耳斯相互作用。这些各向异性的相互作用通过垂直堆叠序列和层之间的相对扭曲或应变，提供了具有可调控性能的范德瓦耳斯层状结构。此外，通过施加载荷，包括弯曲、拉伸、扭转和静水压力，有很大概率打开此类结构。这种前所未有的可调性致使新现象的涌现（例如，“魔角”超导和伪磁场），并将这些范德瓦耳斯材料推向了广泛的技术应用(例如,光电晶体管、发光二极管等)。为了实现2D纳米材料及其异质结构的有前景的应用,理解各种2D纳米材料界面的力学至关重要,其中固态凝聚态物理与2D纳米材料的黏附/分离、摩擦以及变形方面的力学联系紧密。

与强的层内结合相比,2D纳米材料的范德瓦耳斯相互作用是作用在相邻层之间的主要力,形成了一系列高度各向异性的范德瓦耳斯层状结构。对于各种2D纳米材料,通过各种密度泛函理论(DFT)方法计算的层间结合能在20~120 MeV/atom的范围内,比层内结合能弱大约两个数量级。平衡层间分离通常为3~7 Å(1 Å=0.1 nm)。然而,直接测量2D-2D相互作用是具有挑战性的,特别是对于范德瓦耳斯异质结构中不同类型的2D纳米材料之间的相互作用。为此,许多学者从实验和理论等不同角度进行了多层次探究。

(1)层间黏附性研究。

目前,对层间黏附能的测量相对较少。Liu等人提出了一种测量石墨烯-石墨烯层间结合能((190±10)mJ/m^2)的实验方法,通过滑动、扭曲和弯曲高取向热解石墨(HOPG)薄片进行一系列精细的机械操作层内黏附导致自收缩现象,在此基础上,Wang等人测量了石墨的层间黏附力和裂解能,对于双晶石墨的相称状态,其值为(370±10)mJ/m^2,对于理想的ABAB堆叠,其值略高,为(390±20)mJ/m^2,范德瓦耳斯相互作用产生的层间黏附能通常预计为100 mJ/m^2,与20~120 MeV/atom的层间结合能一致。最近,Li等人使用石墨包裹的AFM探针探测了3对2D纳米材料(石墨烯-石墨烯、石墨烯-六方氮化硼(hBN)和石墨烯-二硫化钼(MoS_2))之间的范德瓦耳斯相互作用(图1-5)。他们发现,与石墨烯-石墨烯的黏附力相比,石墨烯-六方氮化硼(hBN)的黏附力较弱,石墨烯-二硫化钼(MoS_2)的黏附力更强。临界附着力是从力-位移曲线中测量的,通常在接近过程中有一次跳跃,在回撤过程中拉离。hBN薄片可以作为原子平面绝缘体,因此解决了一个关键问题,即当由非晶SiO_2支撑时,2D纳米材料的电子性能会显著下降。该技术最初是为hBN封装的石墨烯设备开发的,现已被证明可用于在堆叠中使用许多不同的2D纳米材料构建其他范德瓦耳斯结构。

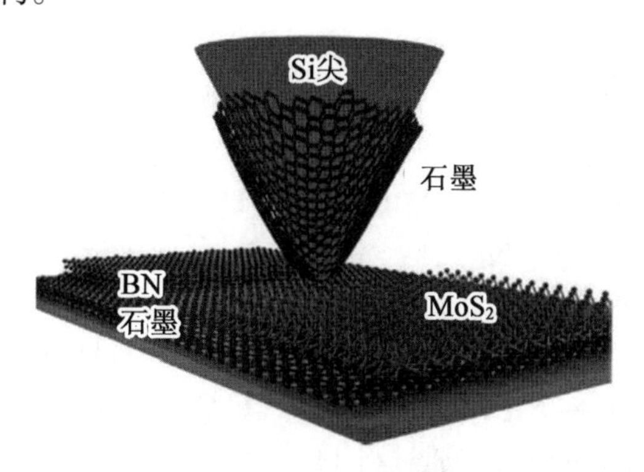

图1-5 2D纳米材料间的范德瓦耳斯作用研究

(2)层间压缩研究。

除了黏附性,其中层间范德瓦耳斯力主要是吸引力,2D纳米材料层之间的排斥相互作用可以通过压缩激活。最近的几项研究报告了层间的变形与范德瓦耳斯结构的物理和化学之间的紧密耦合。例如,Yankowitz等人采用活塞缸压力电池来控制石墨烯-hBN异质结构中的层间分离。通过增加压力来减少夹层分离时，他们观察到栅极电容的显著增加以及带隙的超线性增加，表明 2D 层之间的压力增强的电子耦合。此外，据报道，2D 原子薄磁体（如 CrI_3）中的磁记录器可以通过压力进行修改。在高达 2 GPa 的静水压力下，Li 等人在 CrI_3 中观察到不可逆的层间反铁磁到铁磁转变，伴随着从单斜到菱形的堆叠顺序变化。在结构变化之前，层间反铁磁耦合可以通过静水压力进行剧烈的调谐。在这种情况下，2D-2D 相互作用最容易受到 2D 纳米材料的原子结构及其堆叠顺序的影响。原子尺度变形和结构转变可以通过施加载荷的方式诱导（例如，通过静水压力或压痕），从而产生可调的电子和磁性性质。

（3）层间摩擦和剪切相互作用研究。

范德瓦耳斯结构的制造和应用通常取决于 2D-2D 界面独特的摩擦和剪切特性，众所周知，范德瓦耳斯材料中的层间摩擦较低，这是由于原子光滑晶面之间的范德瓦耳斯相互作用较弱。出于这个原因，如石墨、hBN、MoS_2 和 WS_2 等已被用作固体/干润滑剂。然而，直到最近，随着基于 AFM 的计量学的发展和大型原始单晶 2D 纳米材料的制造，人们才对各种 2D 范德瓦耳斯材料之间的层间摩擦和剪切相互作用进行了详细的表征和解释。Liu 等人使用多层石墨烯涂层的 SiO_2 微球（GMS）探针在高接触压力下在 hBN 上滑动。他们报道了 hBN 上的摩擦系数为 0.002 5，实验结果表明，异质结构界面的多粗糙度接触可以在微观尺度上实现超润滑。该方法最近被扩展到测量具有单晶接触的其他 2D 异质结构界面的摩擦，使用各种 2D 薄片包裹的 AFM 探针（即石墨、hBN-、MoS_2-、ReS_2-和 TaS_2-包裹的探针）。

除了摩擦力和摩擦系数外，还报道了不同 2D 纳米材料之间层间剪切强度的测量。基于拉曼光谱和加压叶片装置，Wang 等人获得了石墨烯-石墨烯层间剪切强度的平均值约 0.04 MPa，与多壁碳纳米管中的管间摩擦相同。Oviedo 等人通过对 MoS_2 薄片横截面 TEM 样品进行原位机械剪切实验，在零法向压力下，在[120]晶向上获得了（253±0.6）MPa 的层间剪切强度。尽管该值与零接触压力下溅射沉积的 MoS_2 膜的剪切强度非常接近，但使用 Si 纳米线力传感器进行的不可通过 MoS_2 单层（接触面积 0.3~7.9 μm^2）之间的摩擦测试获得了更小的层间剪切强度值（0.02~0.12 MPa）。据报道，微尺度单晶线石墨/hBN 异质结（接触面积约为 9 μm^2）的剪切应力值相似。毫无疑问，石墨/hBN 异质结的摩擦剪切应力几乎与载荷大小无关（高达 100 μN 或 11 MPa），但随着滑动速度的增加而缓慢增加，这与热激活摩擦理论一致。

（4）层间滑移弯曲研究。

2D 纳米材料层与层之间的层间滑移对多层范德瓦耳斯材料的力学性能有着深刻的影响。根据 Han 等最近的一项工作，少层石墨烯（FLG）的弯曲会导致层间滑移，反过来，层间滑移会降低 FLG 的弯曲刚度。通过将 FLG 片铺设在原子级尖锐的 hBN 台阶上，并通过高分辨率横截面成像测量 FLG 的弯曲变形，他们获得了多达 12 层的 FLG 的抗弯刚度，其值介于两个理论极限之间，即零滑移（超级胶合）或无摩擦（超级润滑）层间滑移。Wang 等人也报告了类似的结果，通过加压水泡测量了多层石墨烯、hBN 和 MoS_2 的弯曲刚度。研究发现，具有相当厚度的 3 种类型的 2D 纳米材料的弯曲模量遵循与其平面内弹性模量（MoS_2<hBN<石墨烯）相反的趋势（MoS_2>hBN>石墨烯），这可能是由于 3 种 2D

纳米材料对层间滑移的阻力不同。此外,Han 等人发现 FLG 的弯曲刚度取决于弯曲角度。增加弯曲角度会导致石墨烯层之间的层间滑移,从而降低弯曲刚度。因此,多层 2D 纳米材料的柔性取决于层间滑移,层间滑移的量除了取决于层际剪切强度外,还取决于弯曲角度。这种紧密的耦合可以用来实现具有可调刚度的高度柔性电子材料。

1.4.2 纳米复合材料界面力学

复合材料由基体材料和增强材料两种组分构成,其中增强材料起主要作用,基本控制材料的性能;而基体材料起配合作用,用于传递载荷,保护增强材料,防止磨损和腐蚀,并改善复合材料的某些性能。根据基体材料的类型,纳米复合材料可分为金属基纳米复合材料(metal matrix nanocomposites, MMNCs)、陶瓷基纳米复合材料(ceramic matrix nanocomposites, CMNCs)以及聚合物基纳米复合材料(polymer matrix nanocomposites, PMNCs)。

1. 金属基纳米复合材料(MMNCs)

相较于采用颗粒、晶须或纤维等作为增强相的传统金属基复合材料,以碳纳米管、石墨烯片以及过渡金属碳化物或氮化物(MXene)等低维材料为增强相的 MMNCs 能充分利用纳米材料的尺寸效应和界面效应,突破传统材料的性能限制,使其表现出高强高韧以及热稳定性等优异的物化性质,并满足航空航天、交通运输以及化工能源等领域的复杂需求。常见的增强材料有 0D 纳米颗粒、1D 纳米管或纳米纤维以及 2D 纳米片,而影响 MMNCs 性能的主要因素为增强材料的类型、尺寸、纵横比以及体积分数等。作为 MMNCs 的重要构成部分,不仅要求增强相自身具有良好的力学性能,还需具备与基体材料间的化学相容性。

以碳纳米管、石墨烯为代表的碳材料由于自身优异的综合性能,在近十年间得到了大量研究,并具有作为 MMNCs 增强相的巨大潜力,能显著提高 MMNCs 的强度、抗蠕变性能以及疲劳寿命,此外还因其良好的热、电性能,有望扩展 MMNCs 的多功能性应用。然而碳材料与金属基体在密度、表面化学性质等方面的显著差异,制约了 MMCs 综合性能的提升,具体表现为:基体相与增强相材料间的润湿性较低以及范德瓦耳斯力作用下低维纳米材料的团簇导致碳纳米材料的分布不均匀性;增强相与基体相界面间较弱的黏附或键合形成以及结构稳定性。界面作为连接基体相和增强相的纽带,发挥着载荷传递、诱导裂纹偏转以及对位错运动的阻碍、湮灭和吸收等作用,故而定量研究 MMNCs 界面力学性质对改善和提升纳米复合材料的综合性能有着重要意义。

(1)界面黏附性改进方法研究。

基体与增强相间的润湿性影响着界面黏附作用,润湿性越差,则接触角越大,进而黏附性越弱。研究发现,通过加入微量元素在界面与碳增强相形成碳化物,能有效改善界面的润湿性,并且碳化物的形成厚度可通过微量元素的加入量进行动态调整。Al 合金因轻质高强、耐腐蚀而成为研究广泛的基体材料。Oh 等通过在石墨烯表面涂覆 Cu,将 Al 基体与石墨烯的接触角由 140°降为 58°,从而显著提升了界面黏附能力。Guo 等通过在碳纳米管表面涂覆 1~2 nm 的 Cu 单层形成扩散界面,降低了金属 Al 与碳纳米管间的界面失配应变并提升了界面的一致性,通过单轴拉伸实验发现该方法获得的界面不仅能提升复合材料的抗拉强度,还能改善其延伸率,从而为解决强度-韧性平衡困境提供了新思路。So 等鉴于 SiC 与 Al 之间具有较好的润湿性,通过在碳纳米管表面涂覆 SiC 以改善碳纳米管和 Al 基体间的润湿性,实验结果表明接触角可降低 10°左右,并能提高复合材料的强度与弹性模量,然而其延伸率有所下降。Cu 及其合金由于高导电性也受到广泛关注。Xiong 等通过对碳纳米管增强 CuTi 复合材料的研究,发现界面形成的 TiC 纳米颗粒对位错具有显著钉扎效应,并起到很好的载荷传递。Chu 等通过在碳纳米管增强 CuCr 合金界面引入 4 nm 过渡界面相 Cr_3C_2,将基体与增强材料的接触角由 145°降至 45°,显著改善了界面润湿性和黏附作用。之后又通过添加微量 Cr 元素在还原氧化石墨烯与 CuCr 界面形成 Cr_7C_3 纳米颗粒,不仅提高了界面处的载荷传递效率,还促进了还原氧化石墨烯的自身的位错强化能力,从而提高了界面黏附性,使复合材料具有 352 MPa 的抗拉强度。

另一种改善基体与增强相润湿性的手段则是对碳材料进行表面化学处理,使其表面带上 O、F、N 等非金属原子,通过在界面处形成金属—O—C 等形式的共价键以提高界面结合强度。Hwang 等制备了还原氧化石墨烯增强 Cu 基复合材料,通过双悬臂梁方法测量了存在 Cu—O—C 共价键下 Cu 与石墨烯之间的界面黏附能,其值为$(164.47\pm28.47)\ J/m^2$,远高于直接在 Cu 基体上生长石墨烯所测得的界面黏附能($(0.72\pm0.07)\ J/m^2$),证实了 O 原子对提升界面性能的贡献。Kang 等通过电镀方法将 Al 纳米颗粒涂覆在多壁碳纳米管表面以形成 Al—C 共价键,能够有效改善 Al 与碳纳米管的润湿性,并通过密度泛函理论(DFT)模拟进行验证。Jiang 等对碳纳米管增强材料和 Al 基体分别处理,使其表面分别带上—COOH 和—OH 官能团,二者以氢键方式结合,从而提高界面结合力。

此外,通过控制界面反应形成界面相也是改善 MMNCs 界面黏附性的重要方法。Laha 等利用热喷涂技术制备了多壁碳纳米管增强的 Al-Si 复合材料,通过 TEM 图像观测到界面处存在一层厚度为 2~5 nm 的 β-SiC,而 β-SiC 的形成也正是改善基体与增强材料润湿性的关键原因。Chen 等比较了不同烧结温度下碳纳米管增强 Al 基体复合材料界面形貌,随着温度的逐渐升高,界面逐渐出现 Al_4C_3。通过原位拉伸测试,发现材料的失效主要是由于碳纳米管的拔出,并进一步通过剪滞模型量化了界面强度,发现在 900 K 时界面具有最大的剪切强度,约为 60 MPa。Mu 等研究了 823 K、1 023 K 以及 1 223 K 三种烧结温度下多层石墨烯增强 Ti 基体复合材料的界面形貌演化,通过 TEM 图像依次观察到界面处 TiC 的形核、颗粒生长以及片层的形成,从揭示微观形貌对宏观力学性质的影响角度出发,采用修正后的剪滞模型对界面应力和强化效率进行了分析,发现 TiC 的形成有利于将剪切应力从基体传递至多层石墨烯,从而提高复合材料的整体强度。

(2)界面力学性能影响机制研究。

碳纳米管(CNTs)由于其低密度、优越的力学性能和高比表面积,一直被认为是轻质高性能复合材料的理想增强材料,尽管在过去的二十年中,对 CNTs 增强复合材料的研究与应用已经取得了实质性的进展,但 CNTs 在增强复合材料力学性能方面的潜力尚未完全实现,纳米复合材料的整体性能仍远不能令人满意。CNTs 的分散和取向以及 CNTs 与基体之间的界面相互作用等参数对纳米复合材料的力学性能至关重要。特别是,充分理解 CNTs 与基体之间的界面相互作用被认为是实现 CNTs 增强效果的一个至关重要但难以克服的问题。为此,许多人致力于揭示控制界面应力传递的潜在机制,并通过实验和模拟方法量化相应的界面剪切强度。

1998 年，Kuzumaki 等采用热压和挤压的方法制备了高性能 CNTs/Al 复合材料，并采用透射电镜观察界面结构，拉伸实验表征力学强度。研究发现，复合材料制备过程中纳米管未被破坏，在 983 K 下退火 24 h 后，CNTs/Al 界面处未见反应产物。随后，人们对 CNTs/Al 复合材料进行了一系列的强化研究。由于载荷通过界面剪切应力（interfacial shear stress, ISS）从基体转移到增强体，因此整体力学性能受增强体与基体之间的界面黏结控制。这就要求对 CNT/Al 复合材料界面处的 ISS 进行估算，从而对其增强增韧机理进行严格的推测。目前，研究人员已经提出 CNTs 在金属基复合材料中的强化作用机理，如载荷转移、CNTs 钉扎效应导致的晶粒细化、CNTs 的固溶强化、原位形成或析出碳化物强化以及 CNTs 与基体的热失配等。根据不同的复合材料结构，研究人员采用了不同的强化机制。Chen 等利用 Cox 模型分析了多壁碳纳米管（MWCNTs）增强氧化铝复合材料的界面剪切应力、能量耗散和临界能量释放速率随承载管壁数量的变化关系。随着 MWCNTs 承载管壁数量的增加，材料的断裂韧性得到改善。由于界面处临界能量释放速率（19.03 J/m^2）低于氧化铝的断裂能（33.83 J/m^2），复合材料因界面处脱黏而失效。Bakshi 等分析了 CNTs/Al 复合材料的抗拉强度，发现当 CNTs 的体积分数小于 2%时，由于混合物规则是有效的，复合材料强度最高；而当 CNTs 的体积分数为 2%～5%时，Halpin-Tsai 模型和 Voigt-Reuss 组合模型对预测弹性模量更为有效。剪切滞后模型提供了较高碳纳米管载荷下强度的保守值。在金属基体与 CNTs 之间没有化学相互作用的情况下，强化作用并不明显。Yamamoto 等利用纳米机械臂系统的原位扫描电镜（SEM）方法从断裂表面拉出单根纳米管，观察到 MWCNTs 的内芯被拉出，而 MWCNTs 外层碎片在拉伸作用下以剑鞘断裂模式留在基体中。

Boesl 等还使用原位扫描电镜方法研究了 1%的长碳管增强等离子体放电烧结 Al 复合材料中的作用，发现拉伸强度和刚度分别提高了 40%和 65%。复合材料的破坏是由 CNTs 管壁的伸缩滑动引起的。在较低浓度下，较长的 CNTs 是有益的，因为它将局部硬化转化为宏观水平，并最大限度地减少 Al_4C_3 的形成。Housaer 等研究了烧结参数对 CNTs/Al 复合界面的影响，观察到 Al_2O_3 在烧结温度小于 620 ℃时阻止了 Al 和 C 之间的反应，而在较高的烧结温度下，碳化铝在与基体晶界成直角处形成。在放电等离子烧结（SPS）条件下，通过缩短烧结时间来限制 Al_4C_3 晶体的生长。Chen 等对拉伸实验进行了原位观察，以表征用传统粉末冶金途径获得的 MWCNTs 增强铝基复合材料的强化机制。通过观察 CNTs 在拉伸实验中的断裂模式，可以观察到载荷的有效转移，这是由于通过化学气相沉积法生长的 CNTs 存在较高的结构缺陷，因此 CNTs 强度降低，而界面结合显著增强。并且，研究揭示了金属基复合材料载荷传递强化机制的理论支撑，复合材料的高载荷传递效率符合剪切滞后模型。Zhou 等首次使用原位拉拔技术估算了 MWCNTs/Al 复合材料中的界面剪切应力。利用扫描电镜内的电子束诱导沉积方法，原子力显微镜（AFM）悬臂的探针将突出的 MWCNTs 固定在拉伸断口表面（图 1-6）。利用剪切滞后模型对复合材料的抗拉强度进行了预测，结果与实测值吻合较好。此外，通过 HRTEM 评估了 MWCNTs 的长度和直径，发现 MWCNTs 完好无损地垂直嵌入在断裂表面。

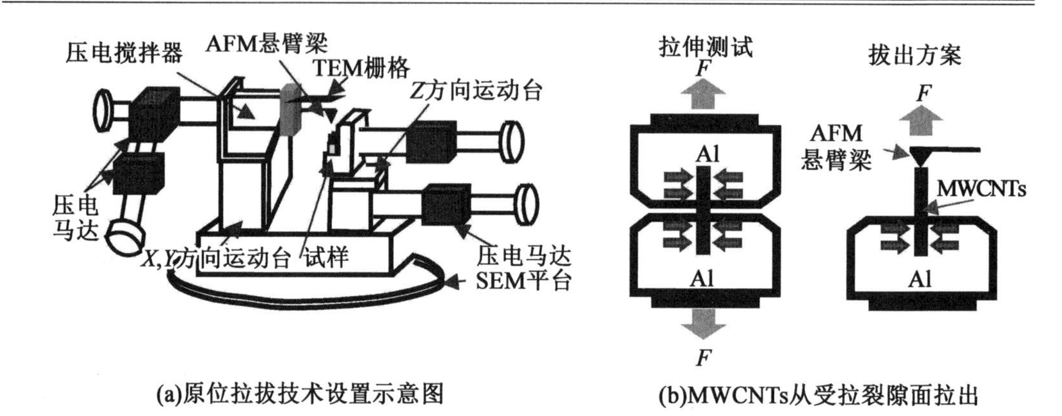

(a)原位拉拔技术设置示意图　(b)MWCNTs从受拉裂隙面拉出

图 1-6　原位拉拔技术设置示意图和 MWCNTs 从受拉裂隙面拉出

Chen 等采用粉末冶金工艺在 700~900 K (Al 熔点的 96%)的不同烧结温度范围内制备了 CNTs/Al 复合材料。通过控制烧结温度,得到了 3 种不同类型的界面,低温烧结 CNTs/Al 复合材料时,界面处的 CNTs 与铝未发生反应形成碳化物;在 875 K 时,CNTs 与铝部分反应生成 Al_4C_3 纳米颗粒;而在 900 K 时,CNTs 与铝完全反应生成 Al_4C_3 纳米棒。在 900 K 的高温烧结条件下生成棒状单晶 Al_4C_3 相,导致强化效果降低。研究还发现,界面和 CNTs 分散取决于初始基体粉末的尺寸,这影响了复合材料的力学性能。Chen 等通过粉末冶金途径在 CNTs/Al 界面上原位进料 Al_2O_3 纳米颗粒,提高了载荷传递效率。如图 1-7 所示,纳米颗粒修饰的 Al/CNTs 界面在原位拉伸实验中导致 CNTs 断裂,原因是 CNTs 在基体中滑动时受到 Al_2O_3 纳米颗粒的阻碍,从而产生了较高的载荷传递效率。

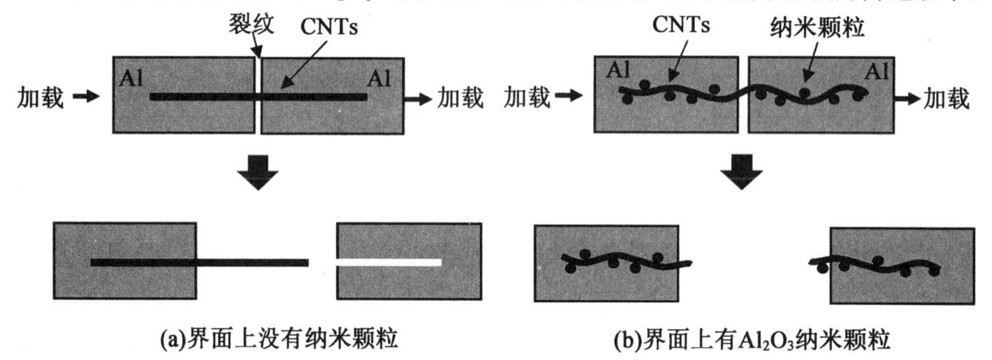

(a)界面上没有纳米颗粒　(b)界面上有 Al_2O_3 纳米颗粒

图 1-7　碳纳米管的破坏模式

分子动力学模拟采用范德瓦耳斯等非键能和界面原子间的静电相互作用来描述原始 CNTs/Al 复合材料的界面特性。当原始 CNTs 在 Al 中增强时,二者之间未成键,只有微弱的范德瓦耳斯力存在,因此 CNTs 在复合材料失效时很容易被拉出。因此,研究人员使用了不同的技术,如涂层、功能化和界面反应来加强它们之间的结合。Song 等通过分子动力学模拟研究了原始和 Ni 涂层 SWCNTs 对 SWCNTs/Al 纳米复合材料弹性模量和拉拔行为的影响。研究发现,原始 SWCNTs 的弹性模量比 Ni 涂层 SWCNTs 的弹性模量高得多,而 Ni 涂层 SWCNTs 增强复合材料的弹性模量高于原始 SWCNTs。当 SWCNTs 表面镀 Ni 时,SWCNTs 与 Al 的界面键合明显增强。Ni 涂层密度分别提高 4.84%、9.68%和 19.36%

时,拉拔载荷分别提高 13.5 倍、16.9 倍和 21.7 倍。Meguid 等进行了分子动力学模拟以预测单元几何形状、单元大小和控制金属基质 SWCNTs 拉拔力的集成的可靠性。由于有大量相互作用的原子,发现方形的单胞更合适。在零应力下,等温等压系综干扰了原子位置,并在 CNTs 附近引起了意外的团聚,因此正则系综和微正则系综被认为是预测最可靠的结果。模拟单元的长度对拉拔力的影响不显著。Nasiri 等研究了原始、Ni 修饰和 Ni 涂层 CNTs 从 Al 基体中拔出的行为。据估计,Ni 涂层碳纳米管的拉拔力更高,这是由于界面的扩展损失了大量的能量。

增强相在复合材料中起主要作用,提供刚度和强度,但受限于无法直接测量其承载能力,常通过复合材料的整体强度减去基体强度及其他强化机制引入的附加强度来评判其承载能力。Liu 等采用分子动力学模拟,建立弹靶模型分析了石墨烯增强 Cu 基和 Ni 基纳米复合材料在冲击载荷下的界面强化效应,首次对石墨烯的强弱双重界面作用进行了报道。一方面石墨烯面外较弱的弯曲刚度可以诱导冲击波在层间发生反射并逐步衰减,而另一方面石墨烯面内较强的 sp^2 键能有效抑制位错运动并起到自修复作用,从而提高材料的抗冲击强度。受类珍珠层结构的启发,Li 等制备了还原氧化石墨烯增强的 Al 基层状结构纳米复合材料,可充分发挥石墨烯的承载能力,通过原位拉伸实验发现石墨烯与基体界面对裂纹扩展起到显著的偏转作用,提升了复合材料的断裂韧性,并为高强高韧材料的设计提供了借鉴意义。Feng 等研究了在不同浓度还原氧化石墨烯和铺层角方向下石墨烯增强 Al 基复合材料微柱单轴压缩实验,发现界面处的位错堆积能够极大提升材料的力学性能,且界面可实现裂纹偏转,使微柱的剪切失效主要以穿晶方式沿 Al 层扩展。另外,通过提高石墨烯浓度或将其置于平行加载方向,能有效增强复合材料的强度。Hwang 等研究了石墨烯增强 Cu 基复合材料的疲劳损伤行为,通过 1.6%和 3.1%应变下的 100 万次循环加载疲劳测试发现石墨烯增强 Cu 基材料具有优异的抗疲劳性,利用 SEM/TEM 图像对其原因进行了揭示,即界面能够有效阻止和偏转疲劳裂纹扩展,而分子动力学模拟则进一步证实了该现象。

2. 陶瓷基纳米复合材料(CMNCs)

与钢铁等金属材料相比,陶瓷材料具有高硬度、低密度、耐磨损、耐腐蚀以及抗高温等优异性能,但因其固有的脆性而限制了功能应用,通过纤维增强的陶瓷基纳米复合材料能够显著改善断裂韧性,从而扩大其在航空发动机以及热防护系统等领域中的应用。根据基体类型不同,CMNCs 可分为氧化物基和非氧化物基,其中非氧化物基的抗氧化能力弱,无法满足长期在高温氧化环境下服役的要求,典型的基体材料如 TiC、BN 等;虽然 Si_3N_4、Mo_2Si 等硅基非氧化物材料可在体系中氧含量较高时于表面形成致密的 SiO_2 保护膜以隔绝氧化环境,但基体、增强材料以及界面各异的热膨胀系数将导致 SiO_2 膜产生裂纹并破裂;而氧化物基则能在高温下环境下保持优异的热稳定性以及化学稳定性。

固体材料在外加载荷作用下常通过变形或形成新表面形式完成能量耗散,由于变形对材料的应用往往具有强烈且严重的影响,因此应当通过生成新的表面进行耗散,即通过在材料中产生微小裂纹以规避灾难性失效。研究发现,CMNCs 中界面对材料的韧性具有显著影响,通过剪裁纤维与基体间的界面能够引入裂纹偏转、纤维脱黏、纤维拔出以及纤维桥接等能量耗散形式从而提高复合材料的韧性。当基体中的裂纹向纤维扩展时,裂纹路径是贯穿纤维还是沿界面扩展取决于界面结合强度,若增强相与基体间为强界面作用,则可能阻碍纤维脱黏以及由于高温环境下基体与增强相之间的相互扩散降低纤维力学性能,因此纤维断裂并呈现脆性失效。若界面黏结较弱,一方面裂纹尖端的应力场将导致纤维发生脱黏并使界面剥离,而脱黏可以减缓纤维的应力集中,防止因应力和能量集中在材料局部致使复合材料发生脆性断裂;另一方面纤维也会干扰裂纹尖端应力场,使裂纹发生偏转以增加扩展路径从而耗散能量,而对于特定取向和分布的纤维虽然难以实现裂纹偏转,但能通过桥接作用阻碍裂纹扩展实现增韧。因此,为了使 CMNCs 具有优异的力学性能,界面设计应当考虑如下方面:(1)界面应具有适当的黏结强度以缓解基体裂纹前端的应力集中,发生纤维脱黏和裂纹偏转以提高材料韧性;(2)界面相须具有适当的强度以保证载荷传递的连续性;(3)适当的界面相厚度对复合材料的强度和韧性也很重要;(4)尽量避免纤维与基体热膨胀系数不匹配;(5)界面应能在高温下保护纤维不被氧化。

界面层的组成和结构决定着纤维与基体的结合强度,影响增韧效果,因此通过改变界面特性以加强纤维的拉拔增韧机制。Wang 等通过在莫来石纤维表面涂覆单层 SiC,能够显著提升莫来石纤维增强莫来石基复合材料的韧性。通过 SEM 图像可清晰观察到无 SiC 时,复合材料断裂面均匀齐整,无纤维拔出;而加入 SiC 后具有明显的纤维拉拔行为,最大长度超过 40 μm,该差异表明 SiC 界面在保护纤维、合理削弱纤维与基体界面强度等方面起着重要作用。而采用纳米纤维作为 CMNCs 增强相能极大增加界面表面积,从而丰富界面载荷传递和裂纹扩展。Yi 等首次报道了基于 AFM 悬臂的原位氮化硼纳米管从 SiO_2 基体拔出实验,测得平均界面剪切强度为 34.7 MPa,实验现象证实了增韧机理源于界面失效引起的纳米管拉拔;并将纳米力学测试与计算模拟相结合,采用 DFT 研究了氮化硼纳米管与 SiO_2 界面间的相互作用机理,进一步解释了高界面剪切强度的原因。Estili 等基于 AFM 悬臂原位拉-弯实验研究了多壁碳纳米管增强氧化铝陶瓷复合材料的力学响应机制,发现界面处的载荷传递受界面剪切力的控制,其原因主要在于存在机械互锁以及界面间化学键的形成。Xia 等研究了不同含量还原氧化石墨烯增强 AlN 复合材料的力学性能变化规律,通过 SEM/TEM 图像能清晰观测到石墨烯嵌入在 AlN 晶粒边界处,当含量较低时,较薄的石墨烯易形成褶皱状,利于形成机械互锁增强应力传递;而含量较高时,石墨烯则会发生团簇现象从而削弱复合材料的力学性能。并且随着石墨烯含量的增加,复合材料的相对密度、弹性模量以及硬度均有所下降,但断裂韧性则由 3.5 MPa$\sqrt{m}$ 升高至 5.2 MPa$\sqrt{m}$,其原因主要是石墨烯的裂纹桥接和拔出作用。Nozaka 等开发了一种"基于倾斜裂缝的拉出(ISP)方法"来估计 MWCNT/陶瓷复合材料的界面强度。在 MWCNT-氧化铝复合材料的断裂表面上进行了碳纳米管的拉出。在扫描电镜下,借助纳米操纵器系统的布置,将单根 MWCNT 拉出。通过在复合材料断口附近放置斜缝来控制多层碳纳米管的嵌入长度。估算的平均界面强度为(19.2±6.6)MPa。Liu 等研究了 CNT 从氧化铝基体中拔出的分子动力学模拟,考虑了范德瓦耳斯力和静电吸引的相互作用。CNT 的拉拔力与其长度和氧化铝晶界类型无关,与 CNT 直径成正比。该研究还提出 CNT/Al 复合材料的拉拔力计算公式并考虑了 CNT 最外层的直径。

3. 聚合物基纳米复合材料(PMNCs)

高分子聚合物材料具有质轻、高延展性、耐腐蚀、耐摩擦以及成本低廉等特点,有望替代金属等传统材料,但紫外线辐照、高温、酸碱以及环境湿度等将致使聚合物性能随时间推移而下降,因此其低导电性以及热、化学与环境稳定性差将严重阻碍工业应用,故而亟须开发具有高性能的聚合物复合材料。具有极高纵横比和超低质量的超薄纳米材料在作为 PMNCs 增强相方面具有显著优势,不仅具有一般增强纤维的承载特性,还表现出与特定纳米材料相关的附加功能特性,例如高导电性、优异的热膨胀系数等。此外,方兴未艾的纳米技术还提供了以原子级精度操纵复合材料表面和界面的能力,而这对于高性能和功能性纳米复合材料的发展至关重要。

基体作为复合材料的主要组成部分,起到保护增强材料免受磨损和恶劣环境条件的影响,而在承载时则将载荷转移到增强材料上以提高复合材料的整体性能,因此有必要选择一种在断裂时能承受比增强相更大应变的基体。热固性树脂和热塑性树脂是两种主要类型的聚合物树脂,其中热固性树脂可以在高温下固化并具有不可逆性,由于催化剂存在下的复杂交联,热固性具有抗不利条件的强度和稳定性;与之相反,热塑性树脂则不存在交联,在较高温度下发生熔化。与热固性树脂相比,热塑性树脂的实际应用有限,因为其具有高黏度,需要在高温条件下进行加工处理。常用的热固性树脂有环氧树脂、乙烯基酯、酚醛树脂、聚酯和聚氨酯等,其中环氧树脂由于其优异的热机械性能,广泛应用于热固性材料中。而纳米尺度的低维材料具有非常大的比表面积,能与基体材料进行更大程度的相互作用,表现出超高的力学性能增强行为,因此将含有不同元素、化学成分、维度和形状的多种纳米材料用于增强聚合物材料获得广泛关注。

在实验方面,CNTs/聚合物界面的相互作用主要是通过 TEM、AFM、微机电系统(MEMS)等多种纳米测量技术,从聚合物基体中抽出单个碳纳米管或碳纳米管束来表征的。Yogeeswaran 等开发了一种新颖而坚固的微力学测试平台,与定量纳米压头一起工作,能够在扫描电子显微镜(SEM)室中对嵌入在聚合物基体中的单根 MWCNT 进行原位拔出测试。在该研究中,使用 MWCNTs 嵌在 Epon 828 环氧薄膜中作为试样,结果表明,作用于 MWCNTs/Epon 828 界面的黏附力极其微弱。纳米机械联锁、共价键合和聚合物链包裹这 3 个因素通常在填料基体键合中起着重要作用,且对 MWCNTs/Epon 828 界面的黏附有最低限度的贡献。

由于从实验结果观察到的数据存在较大的差异,近年来,连续介质力学、分子力学、传统或从头算分子动力学等数值模拟方法正受到越来越多的关注,最近对两相碳纳米管/聚合物纳米复合材料界面行为的数值研究证实了这一点。基于连续介质力学的方法包括内聚区模型、Cox 模型、剪切滞后模型和拔出模型。在拉拔实验中,界面剪切应力通常被视为一个重要参数。Natsuki 等认为最大 ISS 发生在碳纳米管的拔出端。Gao 和 Li 等将原子构型纳入连续介质剪切滞后模型,并预测界面剪切应力在碳纳米管两端接近最大值,但在中间部分下降到零。Li 等采用基于分子力学方法的碳纳米管拉出模拟,系统地研究了碳纳米管/聚合物纳米复合材料的界面性能,探讨了 CNTs 长度、直径和管壁数对拉拔过程的影响,研究了拉拔过程中势能和拉拔力的变化规律及其与碳纳米管尺寸的关系,从而获得了对拉拔行为更普遍的认识。该研究选用聚乙烯作为聚合物基体,既能有效概括各种 CNTs/聚合物可能的界面行为,又因其结构简单可有效降低计算成本。通过对弛豫后的模型 CNTs 右端碳原子施加位移控制载荷,能够对 CNTs 从 PE 基体中拔出进行模拟。

CNTs 轴向位移增量为 $D_x=0.2$ nm。在每一步拉出后,通过分子力学对分子结构进行弛豫以获得最小的系统势能 E。在整个拉出过程中对 SWCNT/PE 纳米复合材料的势能进行监测和记录,研究其界面性能。结果表明,相应的能量增量和拔出力与纳米管长度无关,而与纳米管直径成正比。与均匀分布的常数假设相反,在 1 nm 范围内,界面剪切应力分布在嵌入碳纳米管的两端。

通过对实验和理论研究结果的仔细评估,研究认为 CNTs 与聚合物基体之间的界面相互作用主要有两种类型,这两种类型的界面相互作用决定了碳纳米管增强聚合物纳米复合材料在不同变形阶段(初始弹性区、塑性区和破裂区)的力学响应。第一个作用是在嵌入碳纳米管的界面区域发生的弱界面作用 τ_{emb},第二个作用是在碳纳米管从聚合物基体中被拔出时在进入位置发生的强界面作用 $\tau_{pull\text{-}out}$。Duan 等通过对 CNTs 增强环氧纳米复合材料进行两种完全不同类型的分子动力学模拟,确定了两个完全不同的 CNTs/环氧树脂界面,它们是由非共价范德瓦耳斯相互作用驱动的。通过常规的 CNTs 拉拔模拟,在约 2 nm 范围内,在 CNTs 进入位置观察到强烈的界面相互作用,具有高达约 132 MPa 的拉拔界面剪切强度 τ。与之形成鲜明对比的是,在嵌入 CNTs 区域的界面相互作用非常低,这是通过消除 τ 拔出的 CNTs 滑动模拟确定的。嵌入 CNTs 界面的剪切强度 τ_{emb} 仅为 6.8 MPa 左右,比拔出界面的剪切强度低一个数量级。重要的是,嵌入和拔出界面的剪切强度都取决于 CNTs 直径,而不受 CNTs 长度的影响。此外,研究表明,CNTs 管壁的拓扑缺陷可以显著增强 CNTs 与环氧基体之间的界面载荷传递,这主要是由于表面突出处的强烈机械联锁效应。并且,该研究揭示的 CNTs/环氧树脂的弱嵌入界面(τ_{emb} 约为 6.8 MPa)合理地解释了实验中观察到的极低临界应变,超过这个临界应变,界面滑移就开始了。碳纳米管对纳米复合材料力学性能的增强作用不足,也可以很好地解释为什么聚合物基体与完全嵌入的碳纳米管之间的负载传递能力较差。

二维片状结构纳米材料厚度介于单个到几个原子,因其优异的结构和多功能性而引起了人们的广泛关注。根据剪滞理论,具有较大纵横比的石墨烯能表现出更高的增强性能。Park 等比较了利用少层石墨烯涂覆双酚 A 聚碳酸酯(PC)后 PC 的力学性能变化,通过力曲线发现石墨烯可将 PC 的弹性模量由 1.37 GPa 提高至 1.85 GPa。Liu 等利用堆叠方法制备了高度有序的石墨烯增强 PC 复合材料,利用类似横向剪切滚动方法以生成阿基米德螺旋纤维,实验发现由于层状和卷状结构,纤维会在拉伸过程中发生螺旋伸缩和扭转,从而进一步改变纤维的断裂行为并减轻裂纹的产生。聚合物与原始石墨烯界面间的范德瓦耳斯相互作用较弱,限制了载荷传递。Cai 等开发了一种使用 AFM 测量增强相与聚合物基体界面黏附力的方法,并对石墨烯增强 PMMA 和聚乙烯醇(PVA)两种复合材料进行了表征。Gong 等利用拉曼光谱测量了机械剥离的单层石墨烯与 PMMA 界面剪切强度约为 2.3 MPa,这与仅存在范德瓦耳斯相互作用下的碳纳米管增强聚乙烯复合材料界面剪切强度模拟值相近(2.7 MPa),而具有共价键作用的碳纳米管增强复合材料界面剪切强度高达 500 MPa。为改善上述现象,Anagnostopoulos 等对石墨烯表面进行改性处理,利用 Ar+轰击石墨烯表面以产生原子空位缺陷,然后将其置于氢气氛中钝化处理,利用 AFM 和拉曼光谱测量了处理后的石墨烯增强 PMMA 复合材料界面的黏附性,发现黏附力增加了一倍左右。

除石墨烯外，MXene也是近年来发展迅猛的二维材料，不仅具有较大的比表面积，还有可调控的表面极性官能团，与具有极性基团的聚合物（如PVA、聚丙烯酸（PAA）、环氧树脂（EP）等）具有良好的相容性，通过在界面形成氢键实现良好的界面黏结，可显著优化复合材料的韧性、延伸率等力学性能。Sheng等制备了一种 Ti_3C_2 MXene增强热塑性聚氨酯（TPU）复合材料，发现随着MXene含量的增加，复合材料的强度逐渐提升，但当MXene的质量分数介于0.5%～1%时，由于MXene的团簇现象将降低复合材料的强度，此外MXene还显著改善TPU的韧性。Wang等受贝壳"砖-泥"层状结构启发，利用退火结合表面修饰的协同策略制备了具有高韧性的MXene增强环氧树脂复合材料，为了提高界面强度，采用3-（甲基丙烯酸氧）丙基三甲氧基硅烷偶联剂分子对增强材料进行表面修饰以形成Ti—O—Si共价键，测得复合材料的弯曲强度和断裂韧性分别为164 MPa和4.86 MPa$\sqrt{m}$，并表现出优异的抗裂纹扩展能力。MXene不仅可单独发挥增强作用，还可与其他纳米材料协同作用。Guo等提出了一种简便且环保的聚合物材料性能优化方法，首先通过带负电荷的MXene片层以静电作用吸附在阳离子化的碳纤维表面，其次通过胺改性的 SiO_2 的协同作用，制备了具有三维结构的MXene/SiO_2/碳纤维增强环氧树脂复合材料，多种不同形貌和尺寸的纳米材料协同增强了机械互锁，使得碳纤维与树脂界面间形成了良好的化学键连接，能够有效传递应力的进行能量耗散，并测得界面剪切强度为72.75 MPa。Jin等通过软模板-分散浸涂法制备了MXene/石墨烯/聚氨酯增强的聚乙二醇复合材料，实验发现MXene和石墨烯的加入能显著改善界面相容性，减少内部结构缺陷的产生并提供机械互锁位点以抵抗变形，与之前相比复合材料的断裂韧性提高了9倍（0.93 MJ/m^3）。

本章参考文献

[1] KIUCHI M, MATSUI S, ISONO Y. Mechanical characteristics of FIB deposited carbon nanowires using an electrostatic actuated nano tensile testing device[J]. Journal of Microelectromechanical Systems, 2007, 16(2): 191-201.

[2] TSUCHIYA T, URA Y, SUGANO K, et al. Electrostatic tensile testing device with nanonewton and nanometer resolution and its application to C60 nanowire testing[J]. Journal of Microelectromechanical Systems, 2012, 21(3): 523-529.

[3] ZHANG Y, LIU X, RU C, et al. Piezoresistivity characterization of synthetic silicon nanowires using a MEMS device[J]. Journal of Microelectromechanical Systems, 2011, 20(4): 959-967.

[4] ELHEBEARY M, SAIF M T A. A novel MEMS stage for in-situ thermomechanical testing of single crystal silicon microbeams under bending[J]. Extreme Mechanics Letters, 2018, 23: 1-8.

[5] ZENG H, LI T, BARTENWERFER M, et al. In situ SEM electromechanical characterization of nanowire using an electrostatic tensile device[J]. Journal of Physics D: Applied Physics, 2013, 46(30):1-8.

[6] YANG Y, FU Z, ZHANG X, et al. In situ TEM mechanical characterization of one-di-

mensional nanostructures via a standard double-tilt holder compatible MEMS device[J]. Ultramicroscopy, 2019, 198: 43-48.

[7] BEESE A M, PAPKOV D, LI S, et al. In situ transmission electron microscope tensile testing reveals structure-property relationships in carbon nanofibers[J]. Carbon, 2013, 60: 246-253.

[8] PANTANO M F, PUGNO N M. Design of a bent beam electrothermal actuator for in situ tensile testing of ceramic nanostructures[J]. Journal of the European Ceramic Society, 2014, 34(11): 2767-2773.

[9] ZHANG X, YANG Y, XU F, et al. In-situ TEM mechanical characterization of nanowire in atomic scale using MEMS device[J]. Microsystem Technologies, 2017, 24(4): 2045-2049.

[10] NI L, DE BOER M P. Self-actuating isothermal nanomechanical test platform for tensile creep measurement of freestanding thin films[J]. Journal of Microelectromechanical Systems, 2022, 31(1): 167-175.

[11] HAQUE M A, SAIF M T A. In-situ tensile testing of nano-scale specimens in SEM and TEM[J]. Experimental Mechanics, 2002, 42: 123-128.

[12] LI X, DING G, ANDO T, et al. Micromechanical characterization of electroplated permalloy films for MEMS[J]. Microsystem Technologies, 2007, 14(1): 131-134.

[13] WANG X, MAO S, ZHANG J, et al. MEMS device for quantitative in situ mechanical testing in electron microscope[J]. Micromachines, 2017, 8(2):31.

[14] DESAI A V, HAQUE M A. Mechanical properties of ZnO nanowires[J]. Sensors and Actuators A: Physical, 2007, 134(1): 169-176.

[15] LI R, YANG F, HE J, et al. A universal structure for self-aligned in situ on-chip micro tensile fracture strength test[J]. 30th IEEE International Conference on Micro Electro Mechanical Systems (MEMS 2017), 2017: 640-643.

[16] VELEZ N R, ALLEN F I, JONES M A, et al. Nanomechanical testing of freestanding polymer films: In situ tensile testing and T_g measurement[J]. Journal of Materials Research, 2021, 36(12): 2456-2464.

[17] GANESAN Y, YANG L, CHENG P, et al. Development and application of a novel microfabricated device for the in situ tensile testing of 1-D nanomaterials[J]. Journal of Microelectromechanical Systems, 2010, 19(3): 675-682.

[18] WANG Y, GAO L, FAN S, et al. 3D printed micro-mechanical device (MMD) for in situ tensile testing of micro/nanowires[J]. Extreme Mechanics Letters, 2019, 33: 100575.

[19] PANTANO M F, BERNAL R A, PAGNOTTA L, et al. Multiphysics design and implementation of a microsystem for displacement-controlled tensile testing of nanomaterials[J]. Meccanica, 2014, 50(2): 549-560.

[20] GUPTA S, PIERRON O N. MEMS based nanomechanical testing method with inde-

pendent electronic sensing of stress and strain[J]. Extreme Mechanics Letters, 2016, 8: 167-176.

[21] STANGEBYE S, ZHANG Y, GUPTA S, et al. Understanding and quantifying electron beam effects during in situ TEM nanomechanical tensile testing on metal thin films[J]. Acta Materialia, 2022, 222:117441.

[22] LI C, CHENG G, WANG H, et al. Microelectromechanical systems for nanomechanical testing: Displacement-and force-controlled tensile testing with feedback control[J]. Experimental Mechanics, 2020, 60(7): 1005-1015.

[23] OUYANG J, ZHU Y. Z-shaped MEMS thermal actuators: Piezoresistive self-sensing and preliminary results for feedback control[J]. Journal of Microelectromechanical Systems, 2012, 21(3): 596-604.

[24] SHIN J, RICHTER G, GIANOLA D S. Suppressing instabilities in defect-scarce nanowires by controlling the energy release rate during incipient plasticity[J]. Materials & Design, 2020, 189:108460.

[25] AHN D, KIM D-G, LEE H, et al. MEMS-based in-situ tensile experiments designed to arrest catastrophic failure in brittle nanomaterials[J]. Extreme Mechanics Letters, 2020, 41:101071.

[26] RAMACHANDRAMOORTHY R, GAO W, BERNAL R, et al. High strain rate tensile testing of silver nanowires: Rate-dependent brittle-to-ductile transition[J]. Nano Lett, 2016, 16(1): 255-263.

[27] YUE Y, LIU P, ZHANG Z, et al. Approaching the theoretical elastic strain limit in copper nanowires[J]. Nano Lett, 2011, 11(8): 3151-3155.

[28] ZHU Y, QIN Q, XU F, et al. Size effects on elasticity, yielding, and fracture of silver nanowires:In situ experiments[J]. Physical Review B, 2012, 85(4):045443.

[29] BERNAL R A, FILLETER T, CONNELL J G, et al. In situ electron microscopy four-point electromechanical characterization of freestanding metallic and semiconducting nanowires[J]. Small, 2014, 10(4): 725-733.

[30] WANG Q, WANG J, LI J, et al. Consecutive crystallographic reorientations and superplasticity in body-centered cubic niobium nanowires[J]. Sci Adv, 2018, 4(7): eaas8850.

[31] CAO K, HAN Y, ZHANG H, et al. Size-dependent fracture behavior of silver nanowires[J]. Nanotechnology, 2018, 29(29): 295703.

[32] JIANG C, HU D, LU Y. Digital micromirror device (DMD)-based high-cycle torsional fatigue testing micromachine for 1D nanomaterials[J]. Micromachines (Basel), 2016, 7(3):49.

[33] ZHANG H, JIANG C, LU Y. Low-cycle fatigue testing of Ni nanowires based on a micro-mechanical device[J]. Experimental Mechanics, 2016, 57(3): 495-500.

[34] ZHANG H, TERSOFF J, XU S, et al. Approaching the ideal elastic strain limit in sili-

con nanowires[J]. Sci Adv, 2016, 2(8): e1501382.

[35] ZHU Y, XU F, QIN Q, et al. Mechanical properties of vapor-liquid-solid synthesized silicon nanowires[J]. Nano Lett, 2009, 9(11): 3934-3939.

[36] TSUCHIYA T, HEMMI T, SUZUKI J-Y, et al. Tensile strength of silicon nanowires batch-fabricated into electrostatic MEMS testing device[J]. Applied Sciences, 2018, 8(6):880.

[37] BANERJEE A, BERNOULLI D, ZHANG H, et al. Ultralarge elastic deformation of nanoscale diamond[J]. Science, 2018, 360(6386): 300-302.

[38] ZHANG Y, HAN X, ZHENG K, et al. Direct observation of super-plasticity of beta-SiC nanowires at low temperature[J]. Advanced Functional Materials, 2007, 17(17): 3435-3440.

[39] LAMBRECHT W R, SEGALL B, METHFESSEL M, et al. Calculated elastic constants and deformation potentials of cubic SiC[J]. Phys Rev B Condens Matter, 1991, 44(8): 3685-3694.

[40] CHEN B, WANG J, GAO Q, et al. Strengthening brittle semiconductor nanowires through stacking faults: Insights from in situ mechanical testing[J]. Nano Lett, 2013, 13(9): 4369-4373.

[41] CASARI D, PETHÖL, SCHÜRCH P, et al. A self-aligning microtensile setup: Application to single-crystal GaAs microscale tension-compression asymmetry[J]. Journal of Materials Research, 2019, 34(14): 2517-2534.

[42] XU F, QIN Q, MISHRA A, et al. Mechanical properties of ZnO nanowires under different loading modes[J]. Nano Research, 2010, 3(4): 271-280.

[43] POLYAKOV B, DOROGIN L M, VLASSOV S, et al. In situ measurements of ultimate bending strength of CuO and ZnO nanowires[J]. The European Physical Journal B, 2012, 85(11):366.

[44] GUO H, CHEN K, OH Y, et al. Mechanics and dynamics of the strain-induced M1-M2 structural phase transition in individual VO_2 nanowires[J]. Nano Lett, 2011, 11(8): 3207-3213.

[45] ZENG X M, YE P, TAN H T, et al. Tensile behavior of tetragonal zirconia micro/nano-fibers and beams in situ tested by push-to-pull devices[J]. Journal of the American Ceramic Society, 2022, 105(9): 5911-5920.

[46] TREACY M M J, EBBESEN T W, GIBSON J M. Exceptionally high Young's modulus observed for individual carbon nanotubes[J]. Nature, 1996, 381: 678-680.

[47] DEMCZYK B G, WANG Y M, CUMINGS J, et al. Direct mechanical measurement of the tensile strength and elastic modulus of multiwalled carbon nanotubes[J]. Materials Science and Engineering: A, 2002, 334: 173-178.

[48] ZHU Y, ESPINOSA H D. An electromechanical material testing system forin situelectron microscopy and applications[J]. Proceedings of the National Academy of Sciences

of the United States of America, 2005, 102(41):14503-14508.

[49] YU M F, LOURIE O, DYER M J, et al. Strength and breaking mechanism of multi-walled carbon nanotubes under tensile load[J]. Science, 2000, 287(5453): 637-640.

[50] KUZUMAKI T, HAYASHI T, ICHINOSE H, et al. In-situ observed deformation of carbon nanotubes[J]. Philosophical Magazine A, 1998, 77(6): 1461-1469.

[51] BALANDIN A A. Thermal properties of graphene and nanostructured carbon materials [J]. Nat Mater, 2011, 10(8): 569-581.

[52] NOVOSELOV K S, GEIM A K, MOROZOV S V, et al. Electric field effect in atomically thin carbon films[J]. Science, 2004, 306(5696): 666-669.

[53] LEE C, WEI X, KYSAR J W, et al. Measurement of the elastic properties and intrinsic strength of monolayer graphene[J]. Science, 2008, 321(5887): 385-388.

[54] ANNAMALAI M, MATHEW S, JAMALI M, et al. Elastic and nonlinear response of nanomechanical graphene devices[J]. Journal of Micromechanics and Microengineering, 2012, 22(10):105024.

[55] POOT M, VAN DER ZANT H S J. Nanomechanical properties of few-layer graphene membranes [J]. Applied Physics Letters, 2008,92(6): 063113(1-3).

[56] FRANK I W, TANENBAUM D M, VAN D, et al. Mechanical properties of suspended graphene sheets[J]. Journal of Vacuum Science and Technology B, 2007, 25(6): 2558-2561.

[57] CAO K, FENG S, HAN Y, et al. Elastic straining of free-standing monolayer graphene [J]. Nat Commun, 2020, 11(1): 284.

[58] KYSAR J W, WEI X, HONE J, et al. Nonlinear elastic behavior of two-dimensional molybdenum disulfide[J]. Physical Review B, 2013,87(3):035423(1-11).

[59] SONG L, CI L, LU H, et al. Large scale growth and characterization of atomic hexagonal boron nitride layers[J]. Nano Letters, 2010, 10(8): 3209-3215.

[60] LI Y, WEI C, HUANG S, et al. In situ tensile testing of nanometer-thick two-dimensional transition-metal carbide films: Implications for mxenes acting as nanoscale reinforcement agents[J]. ACS Applied Nano Materials, 2021, 4(5): 5058-5067.

[61] YOSHIOKA T, ANDO T, SHIKIDA M, et al. Tensile testing of SiO_2 and Si_3N_4 films carried out on a silicon chip [J]. Sensors and Actuators A: Physical, 2000, 82(1): 291-296.

[62] ZHANG P, MA L, FAN F, et al. Fracture toughness of graphene[J]. Nat Commun, 2014, 5: 3782.

[63] WEI X, XIAO S, LI F, et al. Comparative fracture toughness of multilayer graphenes and boronitrenes[J]. Nano Lett, 2015, 15(1): 689-694.

[64] XIA Z H, GUDURU P R, CURTIN W A. Enhancing mechanical properties of multiwall carbon nanotubes via sp^3 interwall bridging[J]. Phys Rev Lett, 2007, 98(24):

245501.
[65] LI C, LIU Y, YAO X, et al. Interfacial shear strengths between carbon nanotubes [J]. Nanotechnology, 2010, 21(11): 115704.
[66] FILLETER T, YOCKEL S, NARAGHI M, et al. Experimental-computational study of shear interactions within double-walled carbon nanotube bundles [J]. Nano Lett, 2012, 12(2): 732-742.
[67] MIRZAEIFAR R, QIN Z, BUEHLER M J. Mesoscale mechanics of twisting carbon nanotube yarns[J]. Nanoscale, 2015, 7(12): 5435-5445.
[68] NARAGHI M, BRATZEL G H, FILLETER T, et al. Atomistic investigation of load transfer between dwnt bundles "crosslinked" by pmma oligomers[J]. Advanced Functional Materials, 2013, 23(15): 1883-1892.
[69] ZHANG R, NING Z, XU Z, et al. Interwall friction and sliding behavior of centimeters long double-walled carbon nanotubes[J]. Nano Letters, 2016, 16(2): 1367-1374.
[70] LI Y, HU N, YAMAMOTO G, et al. Molecular mechanics simulation of the sliding behavior between nested walls in a multi-walled carbon nanotube[J]. Carbon, 2010, 48(10): 2934-2940.
[71] AKITA S, NAKAYAMA Y. Extraction of inner shell from multiwall carbon nanotubes for scanning probe microscope tip[J]. Japanese Journal of Applied Physics, 2003, 42(6): 3933-3936.
[72] AKITA S, NAKAYAMA Y. Interlayer sliding force of individual multiwall carbon nanotubes[J]. Japanese Journal of Applied Physics, 2003, 42(7): 4830-4833.
[73] SONG H-Y, ZHA X-W. Molecular dynamics study of effects of intertube spacing on sliding behaviors of multi-walled carbon nanotube[J]. Computational Materials Science, 2011, 50(3): 971-974.
[74] SUEKANE O, NAGATAKI A, MORI H, et al. Static friction force of carbon nanotube surfaces[J]. Applied Physics Express, 2008, 1(6):73-75.
[75] SERVANTIE J, GASPARD P. Methods of calculation of a friction coefficient: Application to nanotubes[J]. Phys Rev Lett, 2003, 91(18): 185503.
[76] KIS A, JENSEN K, ALONI S, et al. Interlayer forces and ultralow sliding friction in multiwalled carbon nanotubes[J]. Phys Rev Lett, 2006, 97(2): 025501.
[77] ZHANG R, NING Z, ZHANG Y, et al. Superlubricity in centimetres-long double-walled carbon nanotubes under ambient conditions[J]. Nat Nanotechnol, 2013, 8(12): 912-916.
[78] BHUSHAN B, LING X, JUNGEN A, et al. Adhesion and friction of a multiwalled carbon nanotube sliding against single-walled carbon nanotube[J]. Physical Review B, 2008, 77(16):165428.
[79] YANG T, ZHOU Z, FAN H, et al. Experimental estimation of friction energy within a bundle of single-walled carbon nanotubes[J]. Applied Physics Letters, 2008, 93(4):

041914.
[80] LIU Z, LIU J Z, CHENG Y, et al. Interlayer binding energy of graphite: A mesoscopic determination from deformation[J]. Physical Review B, 2012, 85(20):205418.
[81] WANG W, DAI S Y, LI X D, et al. Measurement of the cleavage energy of graphite [J]. Nature Communications, 2015, 6:7853.
[82] LI B, YIN J, LIU X, et al. Probing van der waals interactions at two-dimensional heterointerfaces[J]. Nat Nanotechnol, 2019, 14(6): 567-572.
[83] YANKOWITZ M, CHEN S W, POLSHYN H, et al. Tuning superconductivity in twisted bilayer graphene[J]. Science, 2019, 363(6431): 1059-1064.
[84] LI T X, JIANG S W, SIVADAS N, et al. Pressure-controlled interlayer magnetism in atomically thin CrI_3[J]. Nature Materials, 2019, 18(12): 1303-1308.
[85] LIU S W, WANG H P, XU Q, et al. Robust microscale superlubricity under high contact pressure enabled by graphene-coated microsphere[J]. Nature Communications, 2017, 8:14029.
[86] WANG G R, DAI Z H, WANG Y L, et al. Measuring interlayer shear stress in bilayer graphene[J]. Physical Review Letters, 2017, 119(3):036101.
[87] OVIEDO J P, SANTOSH K C, LU N, et al. In situ TEM characterization of shear-stress-induced interlayer sliding in the cross section view of molybdenum disulfide[J]. ACS Nano, 2015, 9(2): 1543-1551.
[88] HAN E M, YU J, ANNEVELINK E, et al. Ultrasoft slip-mediated bending in few-layer graphene[J]. Nature Materials, 2020, 19(3): 305-309.
[89] WANG G R, DAI Z H, XIAO J K, et al. Bending of multilayer van der Waals materials[J]. Physical Review Letters, 2019, 123(11):116101.
[90] OH S-I, LIM J-Y, KIM Y-C, et al. Fabrication of carbon nanofiber reinforced aluminum alloy nanocomposites by a liquid process[J]. Journal of Alloys and Compounds, 2012, 542: 111-117.
[91] GUO B, CHEN Y, WANG Z, et al. Enhancement of strength and ductility by interfacial nano-decoration in carbon nanotube/aluminum matrix composites[J]. Carbon, 2020, 159: 201-212.
[92] SO K P, JEONG J C, PARK J G, et al. SiC formation on carbon nanotube surface for improving wettability with aluminum[J]. Composites Science and Technology, 2013, 74: 6-13.
[93] XIONG N, BAO R, YI J, et al. CNTs/Cu-Ti composites fabrication through the synergistic reinforcement of CNTs and in situ generated nano-TiC particles[J]. Journal of Alloys and Compounds, 2019, 770: 204-213.
[94] CHU K, JIA C-C, JIANG L-K, et al. Improvement of interface and mechanical properties in carbon nanotube reinforced Cu-Cr matrix composites[J]. Materials & Design, 2013, 45: 407-411.

[95] HWANG J, YOON T, JIN S H, et al. Enhanced mechanical properties of graphene/copper nanocomposites using a molecular-level mixing process[J]. Adv Mater, 2013, 25(46): 6724-6729.

[96] JIANG L, FAN G, LI Z, et al. An approach to the uniform dispersion of a high volume fraction of carbon nanotubes in aluminum powder[J]. Carbon, 2011, 49(6): 1965-1971.

[97] LAHA T, KUCHIBHATLA S, SEAL S, et al. Interfacial phenomena in thermally sprayed multiwalled carbon nanotube reinforced aluminum nanocomposite[J]. Acta Materialia, 2007, 55(3): 1059-1066.

[98] CHEN B, SHEN J, YE X, et al. Solid-state interfacial reaction and load transfer efficiency in carbon nanotubes (CNTs)-reinforced aluminum matrix composites[J]. Carbon, 2017, 114: 198-208.

[99] MU X N, CAI H N, ZHANG H M, et al. Interface evolution and superior tensile properties of multi-layer graphene reinforced pure Ti matrix composite[J]. Materials & Design, 2018, 140: 431-441.

[100] KUZUMAKI T, MIYAZAWA K, ICHINOSE H, et al. Processing of carbon nanotube reinforced aluminum composite[J]. Journal of materials Research, 1998, 13(9): 2445-2449.

[101] CHEN Y, BALANI K, AGARWAL A. Analytical model to evaluate interface characteristics of carbon nanotube reinforced aluminum oxide nanocomposites[J]. Applied Physics Letters, 2008, 92(1): 011916.

[102] BAKSHI S R, LAHIRI D, AGARWAL A. Carbon nanotube reinforced metal matrix composites-a review[J]. International materials reviews, 2010, 55(1): 41-64.

[103] BAKSHI S R, AGARWAL A. An analysis of the factors affecting strengthening in carbon nanotube reinforced aluminum composites[J]. Carbon, 2011, 49(2): 533-544.

[104] YAMAMOTO G, SHIRASU K, HASHIDA T, et al. Nanotube fracture during the failure of carbon nanotube/alumina composites[J]. Carbon, 2011, 49(12): 3709-3716.

[105] CHEN B, KONDOH K, UMEDA J, et al. Interfacial in-situ Al_2O_3 nanoparticles enhance load transfer in carbon nanotube (CNT)-reinforced aluminum matrix composites[J]. Journal of Alloys and Compounds, 2019, 789: 25-29.

[106] CHEN B, LI S, IMAI H, et al. Load transfer strengthening in carbon nanotubes reinforced metal matrix composites via in-situ tensile tests[J]. Composites Science & Technology, 2015, 113(5): 1-8.

[107] MEGUID S A, JAHWARI F A. Modeling the pullout test of nanoreinforced metallic matrices using molecular dynamics[J]. Acta Mechanica, 2014, 225(4-5): 1267-1275.

[108] NASIRI S, WANG K, YANG M, et al. Nickel coated carbon nanotubes in aluminum

matrix composites: A multiscale simulation study[J]. The European Physical Journal B: Condensed Matter and Complex Systems, 2019, 92:186.

[109] LIU X, WANG F, WU H, et al. Strengthening metal nanolaminates under shock compression through dual effect of strong and weak graphene interface[J]. Applied Physics Letters, 2014, 104(23):231901.

[110] LI Z, GUO Q, LI Z, et al. Enhanced mechanical properties of graphene (reduced graphene oxide)/aluminum composites with a bioinspired nanolaminated structure [J]. Nano Lett, 2015, 15(12): 8077-8083.

[111] FENG S, GUO Q, LI Z, et al. Strengthening and toughening mechanisms in graphene-Al nanolaminated composite micro-pillars[J]. Acta Materialia, 2017, 125: 98-108.

[112] HWANG B, KIM W, KIM J, et al. Role of graphene in reducing fatigue damage in Cu/Gr nanolayered composite[J]. Nano Lett, 2017, 17(8): 4740-4745.

[113] ZHANG X, WANG X, JIAO W, et al. Evolution from microfibers to nanofibers toward next-generation ceramic matrix composites: A review[J]. Journal of the European Ceramic Society, 2023, 43(4): 1255-1269.

[114] WANG Y, CHENG H, WANG J. Effects of the single layer cvd SiC interphases on mechanical properties of mullite fiber-reinforced mullite matrix composites fabricated via a sol-gel process[J]. Ceramics International, 2014, 40(3): 4707-4715.

[115] YI C, BAGCHI S, GOU F, et al. Direct nanomechanical measurements of boron nitride nanotube-ceramic interfaces[J]. Nanotechnology, 2019, 30(2): 025706.

[116] ESTILI M, KAWASAKI A, PITTINI-YAMADA Y, et al. In situ characterization of tensile-bending load bearing ability of multi-walled carbon nanotubes in alumina-based nanocomposites[J]. Journal of Materials Chemistry, 2011, 21(12):4272-4278.

[117] XIA H, ZHANG X, SHI Z, et al. Mechanical and thermal properties of reduced graphene oxide reinforced aluminum nitride ceramic composites[J]. Materials Science and Engineering: A, 2015, 639: 29-36.

[118] JAGANNATHAM M, CHANDRAN P, SANKARAN S, et al. Tensile properties of carbon nanotubes reinforced aluminum matrix composites: A review[J]. Carbon, 2020, 160: 14-44.

[119] LIU S, HU N, YAMAMOTO G, et al. Investigation on CNT/alumina interface properties using molecular mechanics simulations[J]. Carbon, 2011, 49(11): 3701-3704.

[120] GANESAN Y, PENG C, LU Y, et al. Interface toughness of carbon nanotube reinforced epoxy composites[J]. ACS Applied Materials & Interfaces, 2011, 3(2): 129-134.

[121] NATSUKI T, WANG F, NI Q, et al. Interfacial stress transfer of fiber pullout for carbon nanotubes with a composite coating[J]. Journal of Materials Science, 2007, 42:

4191-4196.
[122] GAO X-L, LI K. A shear-lag model for carbon nanotube-reinforced polymer composites[J]. International Journal of Solids and Structures, 2005, 42(5-6): 1649-1667.
[123] YUAN L, LIU Y, PENG X, et al. Pull-out simulations on interfacial properties of carbon nanotube-reinforced polymer nanocomposites [J]. Computational Materials ence, 2011, 50(6): 1854-1860.
[124] DUAN K, LI L, WANG F, et al. New insights into interface interactions of CNT-reinforced epoxy nanocomposites[J]. Composites Science and Technology, 2021, 204 (7-8): 108638.
[125] PARK H J, MEYER J, ROTH S, et al. Growth and properties of few-layer graphene prepared by chemical vapor deposition[J]. Carbon, 2010, 48(4): 1088-1094.
[126] LIU P W, JIN Z, KATSUKIS G, et al. Layered and scrolled nanocomposites with aligned semi-infinite graphene inclusions at the platelet limit[J]. Science, 2016, 353 (6297): 364-367.
[127] CAI M, GLOVER A J, WALLIN T J, et al. Direct measurement of the interfacial attractions between functionalized graphene and polymers in nanocomposites[J]. 5th International Conference on Times of Polymers Top and Composites, 2010, 1255: 95-97.
[128] GONG L, KINLOCH I A, YOUNG R J, et al. Interfacial stress transfer in a graphene monolayer nanocomposite[J]. Adv Mater, 2010, 22(24): 2694-2697.
[129] ANAGNOSTOPOULOS G, SYGELLOU L, PATERAKIS G, et al. Enhancing the adhesion of graphene to polymer substrates by controlled defect formation[J]. Nanotechnology, 2019, 30(1): 015704.
[130] SHENG X, ZHAO Y, ZHANG L, et al. Properties of two-dimensional Ti_3C_2 MXene/thermoplastic polyurethane nanocomposites with effective reinforcement via melt blending[J]. Composites Science and Technology, 2019, 181:107710.
[131] WANG H, LU R, YAN J, et al. Tough and conductive nacre-inspired MXene/epoxy layered bulk nanocomposites [J]. Angew Chem Int Ed Engl, 2023, 62(9): e202216874.
[132] JIN L, CAO W, WANG P, et al. Interconnected mxene/graphene network constructed by soft template for multi-performance improvement of polymer composites[J]. Nanomicro Lett, 2022, 14(1): 133.

第2章　氧化锡纳米线电化学耦合力学

2.1　概　　述

氧化锡(SnO_2)是一种典型的过渡金属氧化物半导体,具有优异的电学、光学和电化学性能,如较宽的带隙(E_g = 3.6 V)和高度可逆的比电荷容量(781 mAh/g)等,因此被广泛应用于大容量锂存储、太阳能电池、光催化支撑材料和固态化学传感器等领域。通常将SnO_2纳米结构分为3类,包括一维的纳米线、纳米带、纳米管和纳米棒(有序和无序),二维的纳米薄膜和纳米片,以及三维的纳米球和纳米立方体(中空和致密)。其中,一维SnO_2纳米线结构由于纵向尺寸不受约束,表现出更加优异的纵横比和量子机理,将其应用于传感器等电化学领域时,能展现出色的灵敏度、优越的再现性以及快速的反应和恢复时间等。

近年来,锂离子电池因其在储能、快速充放电、环境友好等方面的优异性能,在电子设备、电动汽车等能源需求较高的高科技领域得到了广泛的应用。到目前为止,人们已经探索了许多种能够作为锂离子电池阴极的材料,以替代传统的碳纸阴极材料,例如Ⅳ族元素和过渡金属氧化物等。而SnO_2纳米线由于其优异的性能,被认为是具有前途的下一代锂离子电池阴极材料。迄今为止,人们越来越关注这种阴极材料的锂化过程及其对结构演化的影响。有研究表明,剧烈的锂化反应会诱发材料释放内应力,最大理论应力值可达10 GPa左右,因此产生明显的体积膨胀,使结构由原始结构转变为非晶结构。这种剧烈的结构变化会极大地削弱材料的内在机械强度,降低锂离子电池的循环寿命。综上,电极材料的力学性能对锂离子电池的工作效率起着至关重要的作用。因此,深入了解锂离子电池阴极材料的力学性能,并找到有效的解决方案以减少锂化过程带来的负面影响成为迫切需要。

2.2　氧化锡纳米线制备及表征

2.2.1　氧化锡纳米线制备

纳米结构的制备技术可以分为自下而上和自上而下两种方法。对于自下而上法,纳米结构是通过添加原子、离子或分子等单元体从最小的元素中生长出来的,以获得更大的结构。而对于自上而下法,通常会出现表面结构不完善等缺陷。例如,用光刻法制作的纳米线并不光滑,可能含有大量的杂质和结构缺陷。另外,自上而下法产生的纳米结构很有可能引入内应力。因此,自下而上法因其易于控制、成本效益高、缺陷少、化学成分均匀性好而受到人们的青睐。

对于 SnO_2 纳米线，自下而上法通常基于模板法合成，也可以使用热沉积、气液固、气固、水/溶剂热、溶胶-凝胶和化学气相沉积等方法获得一维结构。

1. 热沉积法

热沉积法通常是在管式炉中进行的。在此过程中，粉末原料在升高的温度下蒸发，而产生的蒸气在特定条件（如温度、压力、气氛、基底）下冷凝，从而形成所需的产品。步骤包括：从原材料中产生蒸发剂，蒸发剂从原材料传输到基底（通常是镀 Au 的硅片）以及将蒸发剂凝结到基底上以形成所需的纳米结构。

2. 气液固（VLS）法和气固（VS）法

Wagner 和 Ellis 于 1964 年在硅晶须的生长上提出了金属催化剂辅助气液固（VLS）生长纳米线的机理。它可能是生长一维纳米结构最有效和使用最普遍的工艺之一。在这项技术中，纳米线生长在金属涂层基底上。金属催化剂在高温下形成液态合金滴，吸收气态成分。过饱和合金液滴在液固界面上驱动气相成分的析出。气固（VS）机制则是指在没有金属催化剂液滴的情况下，从气相直接形成纳米线的过程。尽管这一过程的确切机理尚不清楚，但有一些通过该过程成功生长一维纳米结构的报道。Cai 等提出了一种不同的燃烧技术来生长单晶纳米线。将 SnO、Cu_2O 和 Al 粉在燃烧室内点燃，反应温度为 1 500～3 500 ℃。类纤维特征的生长归因于 VLS 或 VS 机制，在这种机制下会形成液滴，蒸气中的反应物分子被运输和沉淀在液滴上，此后晶体生长成纤维。一维 SnO_2 纳米结构生长中形状的形成与尺寸有关，几位科学家讨论了在 800～1 000 ℃温度下，在有无 Au 膜（分别为 VLS 和 VS）作为催化剂的条件下通过热氧化法制备 SnO_2 纳米晶、纳米带和纳米线。

3. 水/溶剂热法

水/溶剂热法通过在密封容器中进行反应，提供了一种在远高于其沸点的温度下使用溶剂的方法。常规实验是在聚四氟乙烯内胆进行的，在该内胆中可以精确控制温度，但不能控制压力。聚四氟乙烯能承受 250 ℃的外部温度，所以实验通常在这个温度以下进行。由于溶剂蒸气在容器中产生了气压，溶剂的沸点也随之提高。在过去的几十年里，用水/溶剂热法生长晶体已被广泛使用。当使用水作为溶剂时，该过程称为水热过程；而当使用包括有机溶剂在内的任何溶剂时，该过程称为溶剂热过程。通过水/溶剂热法已经制备了不同纳米结构的 SnO_2。

4. 溶胶-凝胶法

溶胶-凝胶法是以无机金属盐为前驱体，通过水解和缩聚反应由溶胶逐渐形成凝胶，经干燥、烧结等后处理得到所需材料的方法。具体过程如下：首先将无机金属盐在溶液中以分子级别甚至纳米级充分混合，以得到溶胶液。然后通过加酸水解或诱发缩聚反应，溶胶粒子之间相互交联，从而转化为以前驱体为骨架、成分均匀且结构紧密的凝胶。凝胶再经过干燥脱去结构中的溶剂而形成一种多孔结构的材料。最后，经过热处理和烧结过程有利于进一步缩聚，提高材料机械性能和结构稳定性并使晶粒生长成熟、致密化。该方法克服了传统方法的局限性，具有反应条件温和、结晶度好、操作简单且分散度高等优点，已广泛用于制备纳米材料。

5. 化学气相沉积(CVD)法

在典型的化学气相沉积(CVD)法中,基底暴露于一个或多个挥发性前驱体中。前驱体在热能、等离子体或光能作用下汽化为活性极强的离子或离子团。这些离子或离子团通过扩散方式由载气输送到基底,在基板表面发生化学反应并沉积为固态产物。CVD 过程通常包括前驱体在高温下的分解,气体原子在基底上的吸附和沉积,以及表面化学反应形成连续的膜 3 个过程。前驱体的选择影响反应温度,因为只有反应温度高于前驱体的分解温度,吸附和沉积过程才能进行。化学气相沉积可分为以下几类:金属有机 CVD、等离子体增强 CVD、原子层 CVD、低压 CVD 和大气压等离子体 CVD。Leite 等通过受控的碳热还原过程生长 SnO_2 纳米带。纳米带形状清晰,典型宽度为 70~300 nm。纳米带状结构的生长归因于 VS 机理。Calestani 等通过低成本 CVD 法直接在大面积 Al_2O_3、SiO_2 和 Si 衬底上成功地生长了 SnO_2 纳米线和纳米带。纳米晶体以非常均匀的趋势缠绕分布在生长平面上,沉积厚度约为 0.3 mm,横向尺寸为 50~700 nm,长度为几百微米。此外,该工艺也被用于制备纳米颗粒、致密涂层和多种形态的多孔膜等。

2.2.2　氧化锡纳米线充放电过程

氧化锡纳米线的充放电过程在电化学半电池中进行。由不锈钢衬底/电极上的 SnO_2 纳米线、Li 金属箔和滤纸在 1.0 mol/L $LiPF_6$ 和质量比为 1∶1的碳酸乙烯∶碳酸二乙酯(EC/DEC)中浸泡,可得到电化学半电池。由于 SnO_2 纳米线直接生长在电流收集器上,因此不需要转移样品,也不需要使用黏合剂或导电剂。以锂金属为对电极,以 SnO_2 纳米线为工作电极的半电池在 40 μA 电流下进行恒流放电,使室温下的电势降至 0.05 V $\left(\mathrm{VS}\ \frac{Li}{Li^+}\right)$。在相同电流下进行 0.05~2.8 V 之间的放电/充电(锂化-脱锂)循环。

2.2.3　氧化锡纳米线结构表征

1. X-ray 分析

图 2-1 显示了 SnO_2 纳米线的 X 射线衍射(XRD)图。所有 SnO_2 纳米线的反射都符合四方金红石结构(JCPDS 41-1445)。纳米线的晶格参数为 $a=b=4.738$ Å,$c=3.188$ Å。众所周知,具有高展弦比的纳米线形式比粉末形式在表面上沿 c 轴方向经历了更多的拉应力,这导致 c 值的增加。与此相一致的是,SnO_2 纳米线的 c 轴相关峰的角度较低;在(101)、(002)和(301)3 个峰上,纳米线的位移分别为 $\Delta(2\theta)=0.063°$、$0.067°$、$0.058°$。计算得到 SnO_2 纳米线(002)峰的半最大全宽度(FWHM)为 0.280 08。(002)峰的 FWHM 明显较小,表明纳米线在四方体系中具有较好的结晶度,且沿 c 轴的晶格畸变较小。从 XRD 结果来看,c 轴相关的峰移和 FWHM 行为证明了纳米线晶格结构中 c 轴参数的增加。

2. SEM 拓扑分析

如图 2-2 所示为采用热蒸发法制备的原始 SnO_2 纳米线(图 2-2(a))。SnO_2 纳米线的长度和直径分别为 50~100 μm 和 100~300 nm。采用迁位电化学法获得了锂化和脱锂化 SnO_2 纳米线。从图 2-2(b)和图 2-3 可以看出,充电-放电过程会导致明显的体积膨胀。在此之后,SnO_2 纳米线的直径增大到 300~800 nm。

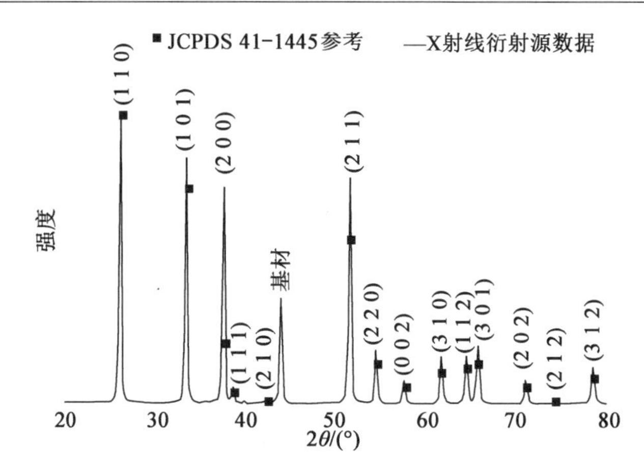

图 2-1　SnO_2 纳米线的 X 射线衍射图

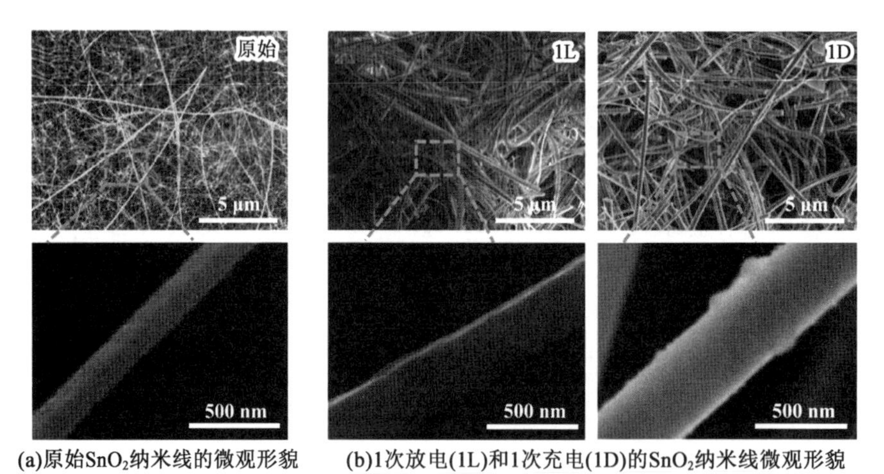

(a)原始SnO_2纳米线的微观形貌　　(b)1次放电(1L)和1次充电(1D)的SnO_2纳米线微观形貌

图 2-2　原始、1 次放电(1L)和 1 次充电(1D)的 SnO_2 纳米线微观形貌

(a)3次放电　　(b)3次充电

图 2-3　3 次放电(3L)和 3 次充电(3D)的 SnO_2 纳米线微观形貌

2.3　氧化锡纳米线原位拉伸测试

利用纳米力学器件的原位力学测试方法已成功应用于一维纳米线和二维材料的张力测试。如图 2-4 所示,在装置的中心有一对由 4 个对称的薄悬臂支撑的梭板。样品被放置在两个梭子之间的空隙中。为了确保拉伸测试期间纳米线和梭板之间没有滑动,在接头处沉积了一层薄薄的铂(Pt)(图 2-4(b))。值得注意的是,为了消除 Pt 沉积层对样品力学性能的影响,沉积过程在 5 kV、0.2 nA 的工作条件下进行。沉积时间控制在 60 s 以内。使用 In-SEM 纳米压头进行拉伸加载,该压头基于推-拉机制。通过一系列操作,可以将纳米压头移动到悬臂的中心位置,并沿垂直于悬臂的方向施加压缩力 F_p。纳米压头系统可直接输出推负载 F_p 与时间 s 的曲线。力分辨率为 1 μN 左右。根据本征力转换关系,可将推加载 F_p 转换为拉伸加载 F,从而得到 F-s 曲线。结合相应的拉伸视频,可以得到 F-δ 曲线。

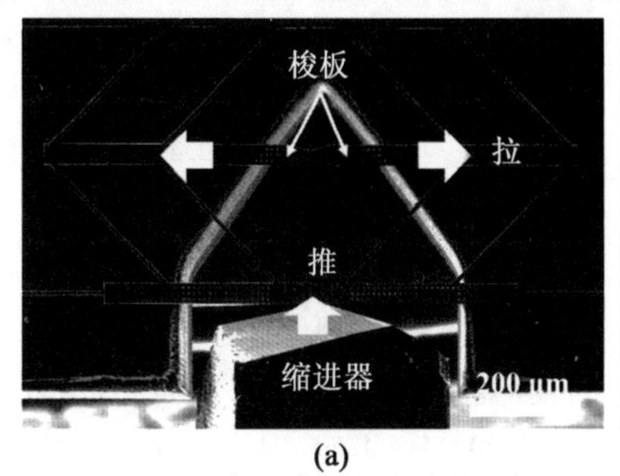

(a)

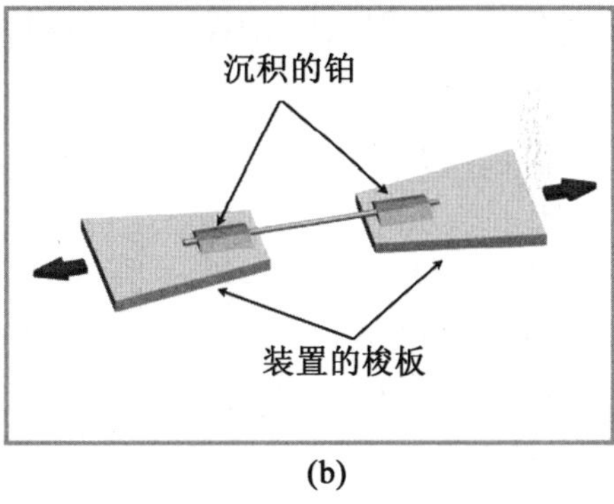

(b)

图 2-4　(a)纳米机械装置的扫描电镜图像,其中样品可以基于推-拉机制单轴拉伸;(b)利用纳米机械装置对单个 SnO_2 纳米线进行原位拉伸的示意图

本章主要介绍 1 次和 3 次锂化-脱锂循环的 SnO_2 纳米线的力学性能。在室温下成功测试了 27 个样品,包括 6 个原始样品,6 个 1 次锂化样品(1L),5 个 1 次脱锂样品(1D),5 个 3 次锂化样品(3L)和 5 个 3 次脱锂样品(3D)(表 2-1)。

表 2-1　原始、锂化和脱锂 SnO_2 纳米线的几何和力学性能

材料	样品	初始长度 L_0/nm	直径 d/nm	断裂强度 σ/GPa	弹性模量 E/GPa	断裂应变 ε_f/%	弹性应变 ε_e/%	塑性应变 ε_p/%
原始	#1	4 141	264	2.02	68.06	2.36	2.00	0.36
	#2	5 025	255	2.16	100.30	1.97	1.72	0.25
	#3	4 993	270	3.58	71.77	4.05	3.45	0.60
	#4	5 111	223	3.13	159.49	2.38	2.03	0.35
	#5	4 822	324	2.10	71.34	2.69	2.32	0.37
	#6	4 764	266	2.19	79.45	2.73	2.53	0.20

续表 2-1

材料	样品	初始长度 L_0/nm	直径 d/nm	断裂强度 σ/GPa	弹性模量 E/GPa	断裂应变 ε_f/%	弹性应变 ε_e/%	塑性应变 ε_p/%
1L	#1	3 315	365	0. 68	17. 13	4. 06	3. 27	0. 79
	#2	4 141	411	1. 27	89. 23	1. 73	0. 65	1. 08
	#3	3 979	398	0. 41	54. 17	2. 00	0. 48	1. 52
	#4	2 867	305	0. 19	10. 17	2. 18	1. 18	1. 00
	#5	9 298	360	0. 73	48. 36	2. 81	1. 36	1. 45
	#6	15 424	269	0. 62	28. 62	2. 30	1. 44	0. 86
1D	#1	5 539	270	2. 12	53. 12	4. 31	2. 00	2. 31
	#2	11 011	427	3. 27	74. 86	4. 43	2. 20	2. 23
	#3	5 824	218	1. 61	40. 26	3. 50	2. 35	1. 15
	#4	6 253	249	1. 87	62. 11	3. 53	2. 57	0. 96
	#5	6 868	273	2. 65	55. 35	4. 25	3. 41	0. 84
3L	#1	8 524	386	0. 99	20. 67	3. 98	2. 88	1. 10
	#2	10 277	322	1. 28	25. 35	3. 97	3. 20	0. 77
	#3	5 117	605	0. 63	28. 42	2. 68	1. 92	0. 76
	#4	4 578	424	1. 22	26. 50	5. 13	2. 83	2. 30
	#5	8 087	380	0. 47	37. 50	1. 50	0. 94	0. 56
3D	#1	9 591	599	0. 85	48. 24	1. 82	1. 23	0. 59
	#2	12 343	372	3. 22	100. 31	4. 00	2. 80	1. 20
	#3	6 628	620	0. 85	24. 95	4. 70	3. 23	1. 47
	#4	6 885	452	1. 30	46. 67	3. 17	2. 19	0. 98
	#5	9 671	388	0. 71	28. 32	2. 60	1. 87	0. 73

典型的原始、放电和充电 SnO_2 纳米线的拉伸力 F 与位移 δ 曲线如图 2-5 所示。从 F-δ 曲线能够推导出拉伸应力 σ 与应变 ε 曲线。σ 由如下式(2-1)计算可得：

$$\sigma = F/S = 4F/(\pi d^2) \tag{2-1}$$

式中，S 为纳米线的横截面面积；d 为纳米线的直径。

ε 由式(2-2)计算可得：

$$\varepsilon = (l-l_0)/l_0 \tag{2-2}$$

式中，l 和 l_0 分别为变形后的样本长度和初始长度。

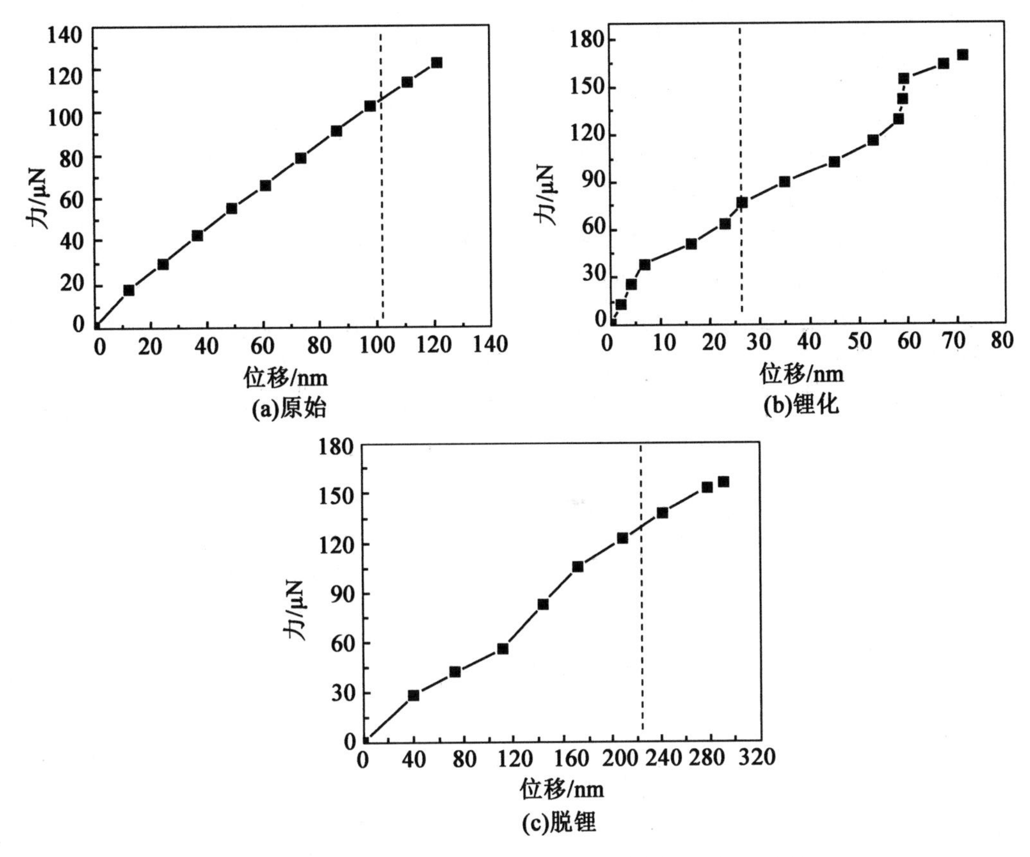

图 2-5　原始、1L 和 1D SnO_2 纳米线的拉伸力-位移曲线
(其中弹性区和塑性区用虚线区分)

2.4　氧化锡纳米线拉伸断裂失效机制

纳米材料的高质量合成及其性能表征是纳米技术发展中的两个关键挑战。纳米材料和纳米结构是纳米技术的核心组成部分,它们为制造具有所需功能的复杂器件提供了基本的构建模块。在纳米材料的各种物理特性中,纳米材料的力学性能对于设计、制造纳米器件和纳米传感器来说是必不可少的参数,因此表征纳米材料的力学性能也尤为重要。但是由于操作和测试单个纳米结构的实验很难展开,单个纳米材料或者结构的独特特性很难被研究。

随着近些年微纳米表征技术的迅速发展,一维纳米材料力学性能表征的相关研究也在逐渐展开,在过去的几十年中,AFM、TEM 和光学镊子逐渐成为表征纳米个体的力学性能的最有力的工具。纳米材料力学性能的测试方法主要有弯曲、拉伸、原位加载、纳米压痕和鼓泡法等。目前,研究较多的是基于 AFM 的力学测试技术,其基本方法是利用 AFM 探针对纳米个体施加一定的载荷,然后根据载荷和变形的关系得到单个纳米个体的力学性能,该法可以以相当高的精度控制 AFM 探针的横向位置和法向力。该方法采用经典的连续介质模型,即将纳米纤维假设为一种各向同性材料,从而既简化了计算过程又能得到相对精确的结果。

Tan 等人在单电纺制备的聚环氧乙烷(PEO)纳米纤维上进行了三点弯曲实验,在这项研究中,使用 AFM 探针拉伸单根聚 PEO 纳米纤维,纳米纤维的一端连接到可移动的光学显微镜台,另一端连接到压阻式 AFM 悬臂探针。通过移动显微镜台来拉伸纳米纤维,并通过悬臂的偏转来测量力。实验结果表明,这种对单根聚合物纳米纤维进行拉伸实验的方法对于获得材料的拉伸性能是可行的。

Zhou 等人建立了纳米线的三点弯曲实验标准以及测量纳米线三点弯曲弹性模量的修正方程。研究表明,在三点弯曲实验中,纳米线端部的约束条件、纳米线悬空长度与纳米线直径的比值以及纳米线的挠度是影响纳米线弹性模量测量精度的重要因素。为了避免出现较大的实验误差,悬空长度与梁高(直径)的比值应足够大,基体材料应该具有比要测量的纳米线更高的弹性模量和更高的屈服应力。

使用三点弯曲法测量微观纳米材料的力学性能,其力学原理清晰,样品的制备和测试过程相对简单。测试的关键在于制备出合适的凹槽来支撑放置在上面的纳米纤维,然后使用 AFM 探针接触纳米线的悬空部位,施加一定的载荷使其产生弯曲变形,根据变形量与施加载荷间的关系得到纳米纤维的弯曲弹性模量。

通过采用扫描电子显微镜中形成的原位拉伸实验来定量研究这些电化学修饰的 SnO_2 纳米线的拉伸断裂。前节叙述了锂化和脱锂 SnO_2 基纳米线的原位拉伸测试,现在来研究锂化和脱锂 SnO_2 基纳米材料的拉伸力学性能和断裂机制,这对锂离子电池(LIB)的可靠性至关重要。为了探究拉伸变形和断裂破坏机制,分别在测试前后展示了所选样品的原位拉伸快照,包括原始#4、1L#2 和 1D#5(图 2-6)。

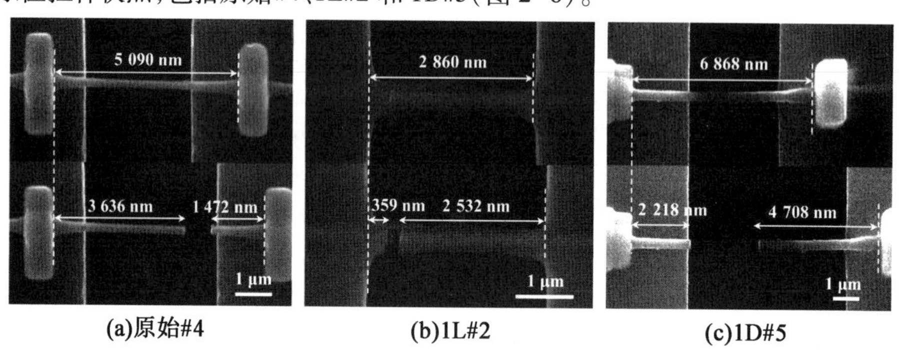

(a)原始#4　(b)1L#2　(c)1D#5

图 2-6　原始#4、1L#2 和 1D#5 在实验前和断裂后的原位拉伸快照

观察到 3 种类型样品的断口表面都非常平坦,在整个拉伸过程中,断裂表面附近没有明显的颈缩现象,表明是脆性断裂。另外,如图 2-6 所示,通过测量实验前后的纳米线长度,发现拉伸变形无法完全恢复。这表明在拉伸过程中存在塑性变形。因此,根据这一观察结果,拉伸断裂应变 ε_f 可分为两部分:弹性应变 ε_e 和塑性应变 ε_p。对于塑性应变,可通过如下公式进行评估:

$$\varepsilon_p=(l_f-l_0)/l_0=(l_1+l_2-l_0)/l_0 \tag{2-3}$$

式中,l_f 为断裂后纳米线的总长度;l_1 和 l_2 分别为两个断裂部分的长度。

值得注意的是,可以从拉伸视频的快照直接测量长度参数。$\sigma-\varepsilon$ 曲线可以直接确定断裂应变 ε_f。因此,可以获得弹性和塑性应变(图 2-7)。

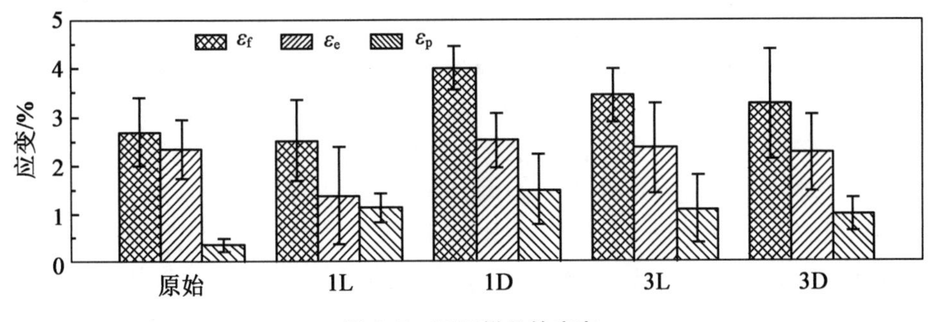

图 2-7　不同样品的应变

众所周知,材料的结构在其力学性能中起着关键作用。为了深入了解电化学过程导致的 SnO_2 纳米线结构对力学性能的影响,通过 TEM 对样品进行了表征,如图 2-8 和图 2-9 所示。锂化-脱锂过程遵循两个合金化反应步骤:

$$4Li^{+}+4e^{-}+SnO_2 \longrightarrow 2Li_2O+Sn \tag{2-4}$$

$$xLi^{+}+xe^{-}+Sn \longleftrightarrow Li_xSn \tag{2-5}$$

(a)原始 SnO_2 纳米线的TEM图像

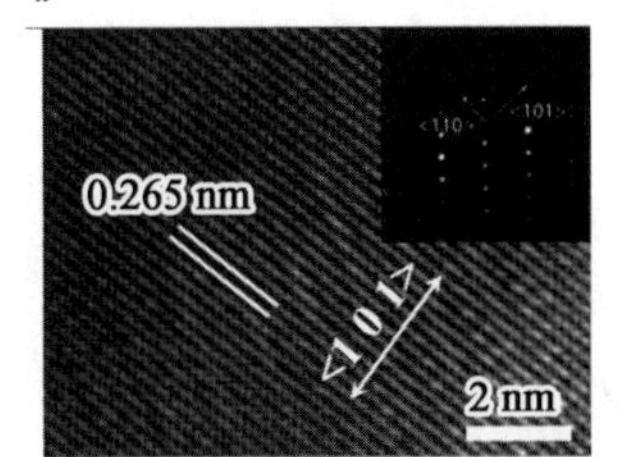

(b)原始 SnO_2 纳米线的HRTEM图像

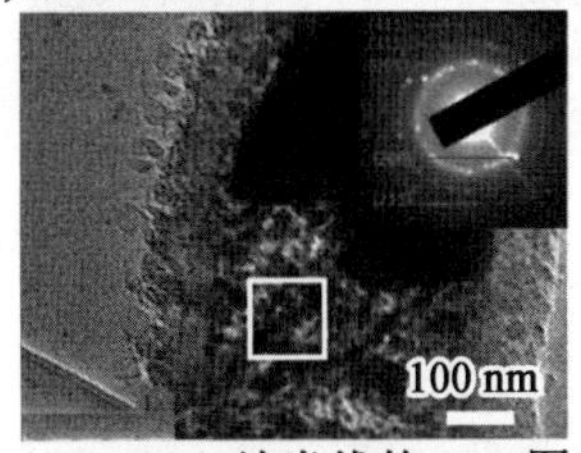

(c) 1L SnO_2 纳米线的TEM图像

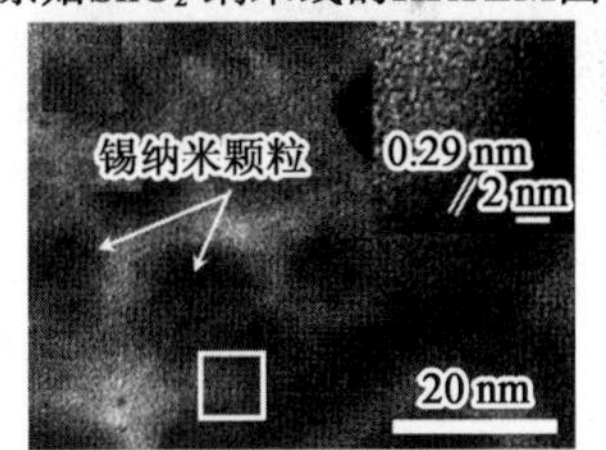

(d) 在(c)中标记的局部区域的HRTEM图像

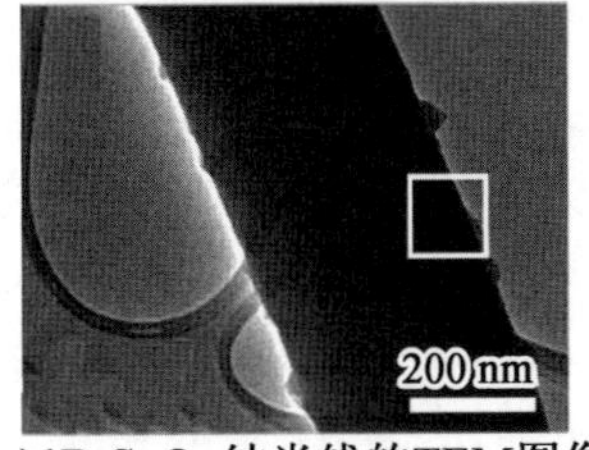

(e)1D SnO_2 纳米线的TEM图像

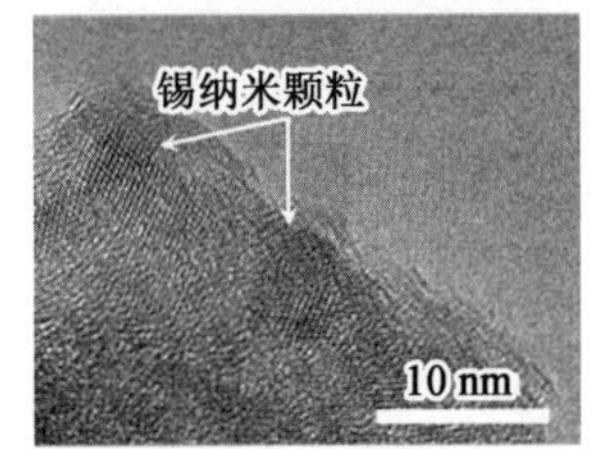

(f)在(e)中标记的局部区域的HRTEM图像

图 2-8　原始、1L 和 1D SnO_2 纳米线的 TEM 图像及 HRTEM 图像

在锂化之前,获得的 SnO_2 纳米线表现出完美的晶体结构,并且它们的生长方向沿着 <1 0 1>(图 2-8)。

一些早期的研究表明,对于完全锂化的 SnO_2 材料,单晶晶格结构发生剧烈的化学反应,具有明显的晶体到玻璃化转变,产生的组分包括单晶 Sn 纳米颗粒、多晶 Li_xSn 合金和非晶 Li_2O。在第一次锂化之后,1L SnO_2纳米线的 TEM 图像显示了暗和光对比区域(图 2-8(c))。所选区域的衍射图案分析如图中白色框所示。图 2-8(c)显示了结晶斑点和形态环。结晶斑被索引为四方 Sn 和 Li-Sn 化合物。同时,图 2-8(d)显示,黑点具有明显的晶体结构特征。可以确定,暗对比区域是单晶 Sn 纳米颗粒,而亮对比区域是多晶 Li_xSn 和形态 Li_2O 基质。这些观察结果与文献中报道的一致。同时,还观察到 1D、3L 和 3D 纳米线具有相似的成分,包括 Sn、Li_xSn 和 Li_2O(图 2-8(e)、(f)和图 2-9)。这可以通过等式(2-5)来解释,在稳定的锂化-脱锂过程中,Sn 纳米粒子和 Li_xSn 合金的一部分将经历可逆的结构转变。

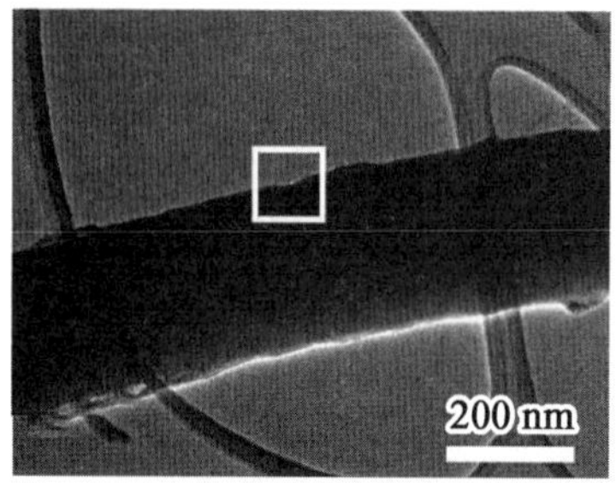

(a)3L SnO_2 纳米线的TEM图像

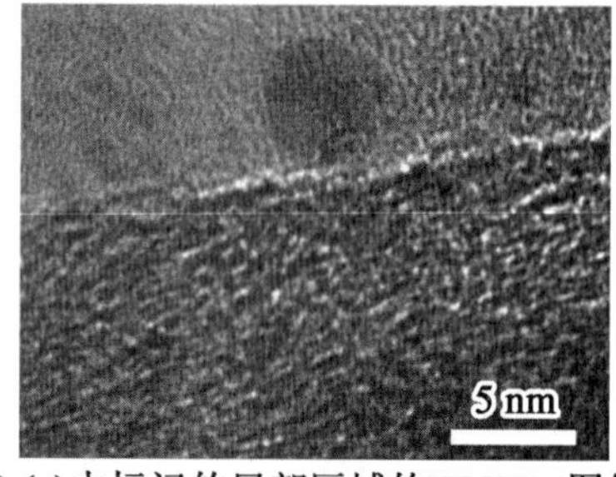

(b) (a)中标记的局部区域的HRTEM图像

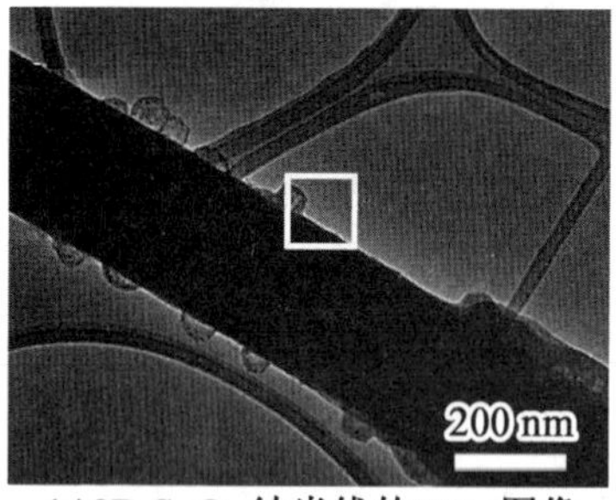

(c)3D SnO_2 纳米线的TEM图像

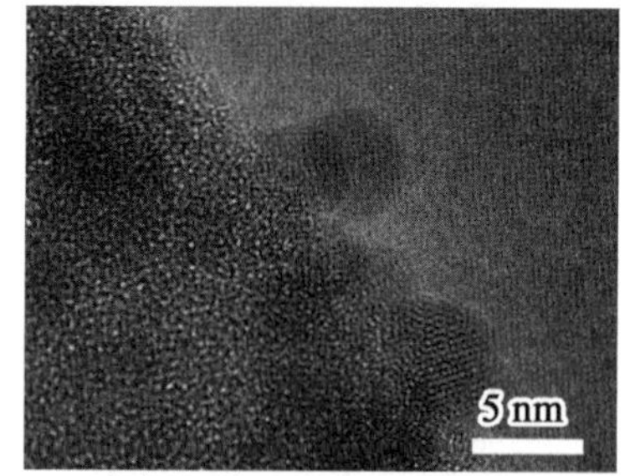

(d) (c)中标记的局部区域的HRTEM图像

图 2-9　3L、3D SnO_2纳米线的 TEM 图像及局部区域的 HRTEM 图像

观察到大多数 Sn 纳米颗粒被 Li_xSn 和 Li_2O 的混合物包裹。考虑到电化学过程产生的这种复合结构,很容易理解,与由 Li_xSn 和 Li_2O 组成的混合物相比,具有晶体结构的 Sn 纳米颗粒的不可成形性非常小,因此认为该混合物主要导致塑性变形的增加。另外,锂化引起的体积膨胀会导致电极材料的收缩。事实上,确实在材料系统中观察到了这种现象。例如,如图 2-6(b)所示,存在明显的初始裂纹,最终导致完全断裂。因此,体积膨胀导致的初始裂纹可能是力学性能下降的主要原因。

研究中,除了可以通过 SEM 直接识别的相对较大的裂纹(图 2-6(b)),还在 TEM 图像中观察到了微小的裂纹(图 2-8(c))。根据等式(2-5),很容易理解脱锂会导致 Sn 纳米颗粒含量的增加。

从纳米颗粒增强纳米复合材料的断裂力学角度来看,相对较高的过滤物含量可以有效地阻止裂纹扩展,从而改善纳米复合材料力学性能。这可以用来解释为什么脱锂纳米线的力学性能相对高于锂化纳米线。人们普遍认为，在锂化-脱锂过程中，SnO_2纳米线表面上存在不稳定的固体电解质界面（SEI）层，这在锂离子电池的循环寿命中起着关键作用。在 TEM 中没有直接观察到，表明 SEI 层的厚度非常薄。因此，在这种情况下，SEI 层对力学性能的影响很小。到目前为止，为了防止裂纹扩展并提高力学性能，已使用各种材料，如非晶碳、石墨烯和 SiC，覆盖在 SnO_2 电极材料的表面。

2.5　氧化锡纳米线拉伸力学参数

通过定义 λ（$\lambda=\varepsilon_p/\varepsilon_e$）来描述锂化-脱锂过程对塑性变形的影响，计算的 λ 值汇总在表 2-2 中。可以观察到，锂化和脱锂纳米线的 λ 值远高于原始纳米线。

表 2-2　不同充放电循环过程计算的 λ 值汇总

参数	原始	1L	1D	3L	3D
λ	0.15	0.83	0.60	0.47	0.44

图 2-10 显示了不同类型样品的断裂强度 σ_f，图 2-11 显示了不同类型样品的弹性模量 E。注意到，根据 $E=\sigma_e/\varepsilon_e$，通过 $\sigma-\varepsilon$ 曲线的线性区域来评估 E，其中 σ_e 是对应于线性区域中弹性应变 σ_e 的拉伸应力。对于原始的纳米线，σ_f 和 E 分别为（2.53±0.66）GPa 和（91.74±22.78）GPa。根据 Barth 等人进行的两点弯曲实验，获得的 E 值非常接近原始 SnO_2纳米线的实验值（约 100 GPa）。

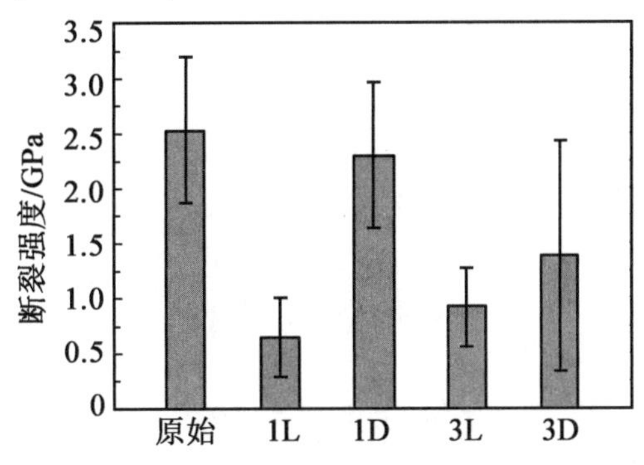

图 2-10　不同类型样品的断裂强度

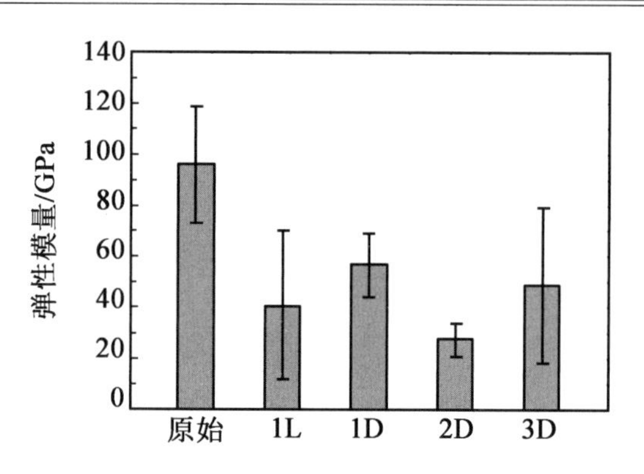

图 2-11　不同类型样品的弹性模量

首先,本书统计了各个样品的几何性质,基于式(2-3)可获得塑性应变 ε_p。其次,根据 $\sigma=F/A$ 可计算出断裂强度,又根据 $E=\sigma_e/\varepsilon_e$,计算出各个试样的弹性模量。具体数值如表 2-1 所示。

为了进一步比较,总结了一些金属过渡氧化物的力学性能,如表 2-3 所示。

表 2-3　金属过渡氧化物的力学性能总结

材料	测试方法	断裂强度/GPa	弹性模量/GPa
SnO_2纳米线	现场 SEM 拉伸	2.53±0.66	91.7±22.78
TiO_2 纳米带	AFM 压痕	—	360
ZnO 纳米线	现场 SEM 拉伸	3.33~9.53	140~160
CuO 纳米线	AFM 三点弯曲	—	70~300

可以看出,获得的原始 SnO_2纳米线与其他类型的金属过渡氧化物的 σ_f、E 相当。值得注意的是,尺寸效应对这些样品的力学性能起着关键作用,因此,这些值以一定范围表示。然而,原始(图 2-12)、1L(图 2-13)、1D(图 2-14)、3L(图 2-15)和 3D(图 2-16)试样都没有发现 σ_f 和 E 有明显的尺寸效应。一个可能的原因是,纳米线直径相对较大,这在一定程度上削弱了尺寸效应。

锂化-脱锂过程会显著影响原始 SnO_2 材料的力学性能。1L 纳米线的 σ_f 和 E 分别为(0.65±0.36)GPa 和(41.31±28.87)GPa,与原始纳米线相比,分别降低了 74.30%和 42.65%。这种下降趋势与锂化 Si 纳米线的趋势一致(强度和弹性模量分别下降约 80%和 29.70%)。3L 纳米线的 σ_f 和 E 分别为(0.92±0.36)GPa 和(27.60±6.58)GPa,与 1L 相当。然而,当电化学过程进入脱锂阶段(1D 和 3D)时,断裂强度和弹性模量与锂化物相比有明显增加。尽管如此,它们仍然相对低于原始试样。

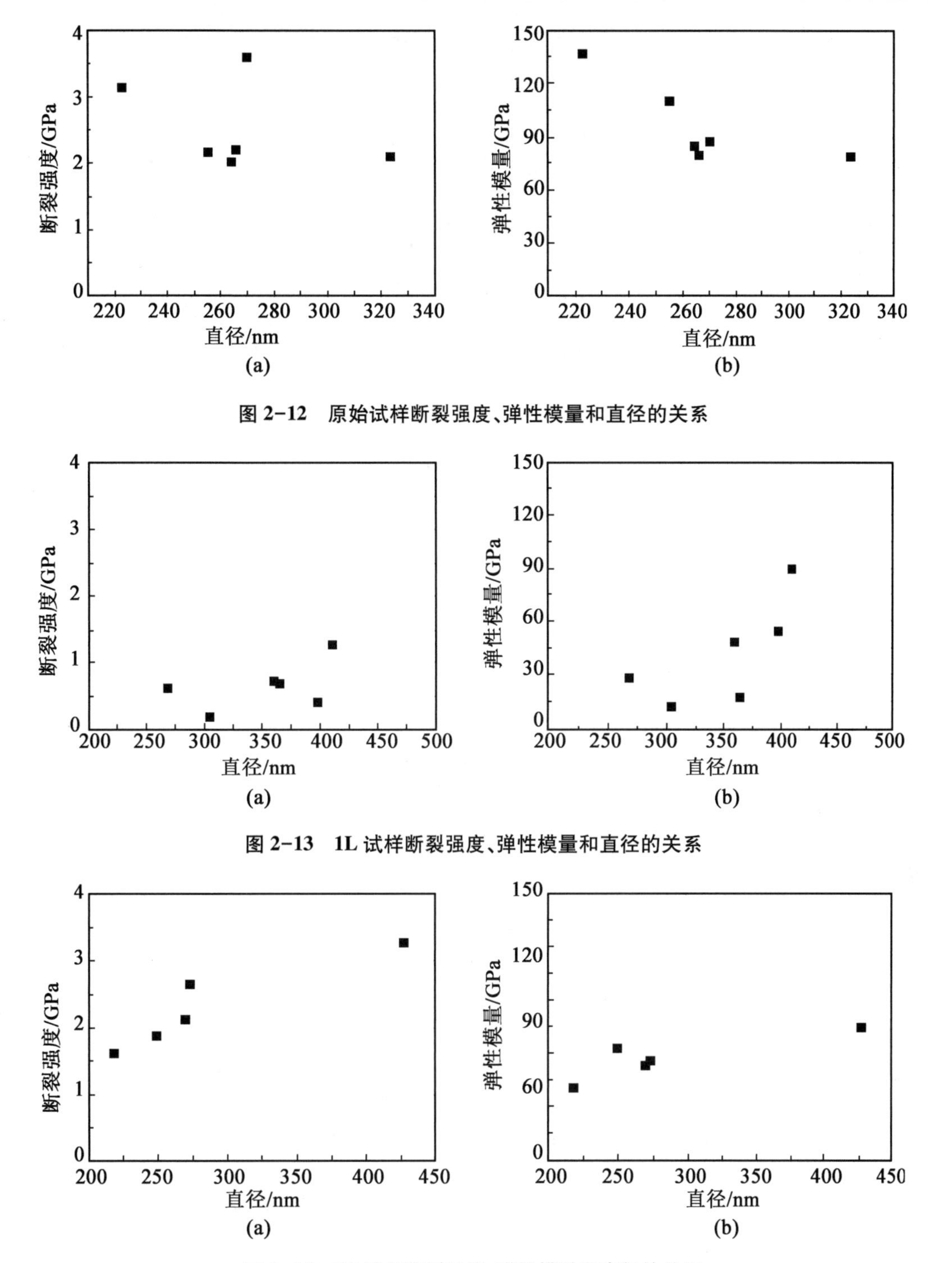

图 2-12　原始试样断裂强度、弹性模量和直径的关系

图 2-13　1L 试样断裂强度、弹性模量和直径的关系

图 2-14　1D 试样断裂强度、弹性模量和直径的关系

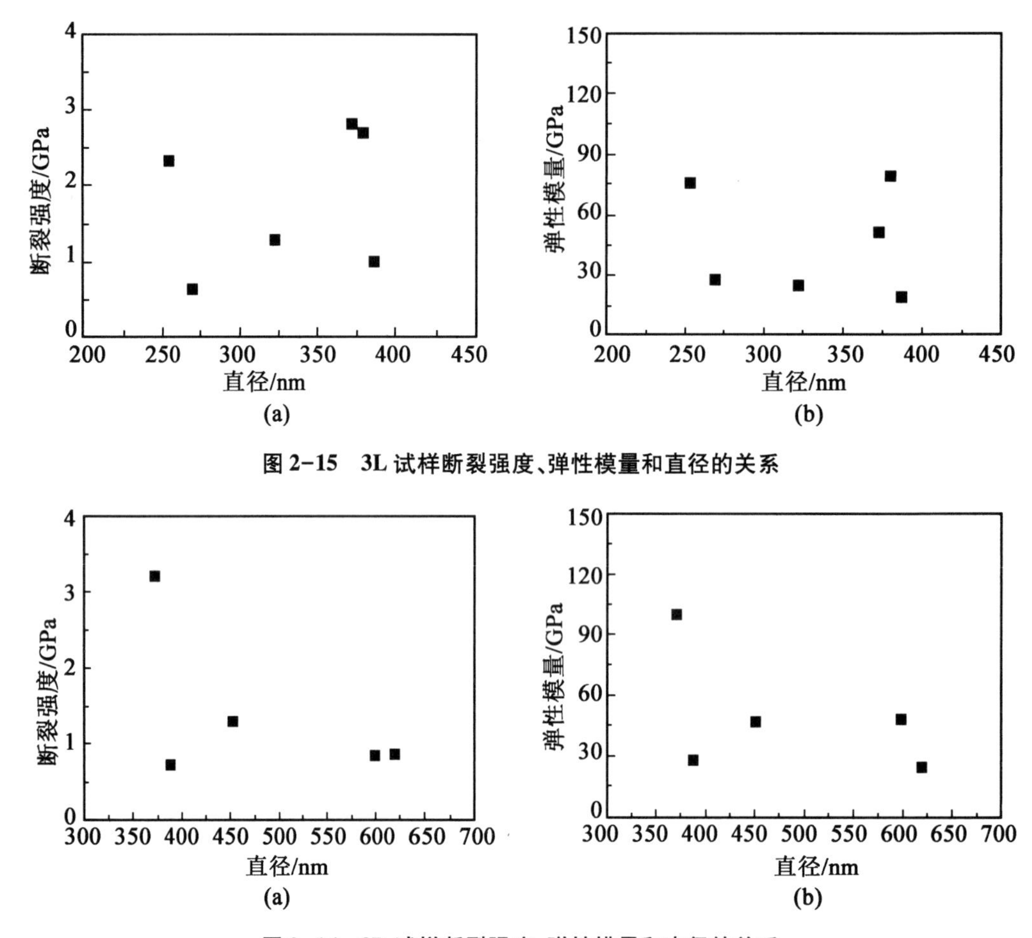

图 2-15 3L 试样断裂强度、弹性模量和直径的关系

图 2-16 3D 试样断裂强度、弹性模量和直径的关系

2.6 氧化锡纳米线拉伸加载有限元分析

有限元分析(又称有限元法,简称 FEA)的分析过程大体分为前处理、分析、后处理 3 大步骤。对实际的连续体经过离散化后就建立了有限元分析模型,这一过程是有限元分析的前处理过程。在这一阶段,要构造计算对象的几何模型,要划分有限元网格,要生成有限元分析的输入数据。这一步骤是有限元分析的关键。

有限元分析的分析过程主要包括:单元分析、整体分析、载荷移置、引入约束、求解约束方程等。这一过程是有限元分析的核心部分,有限元理论主要体现在这一过程中。有限元法包括 3 类,即有限元位移法、有限元力法、有限元混合法。在有限元位移法中,选节点位移作为基本未知量;在有限元力法中,选节点力作为基本未知量;在有限元混合法中,选一部分基本未知量为节点位移,另一部分基本未知量为节点力。有限元位移法计算过程的系统性、规律性强,特别适宜于编程求解。一般除板壳问题的有限元法应用一定量的有限元混合法外,其余全部采用有限元位移法。所以本书如不做特别声明,有限元法指的是有限元位移法。

有限元分析的后处理过程主要包括对计算结果的加工处理、编辑组织和图形 3 个方面。它可以把有限元分析得到的数据,进一步转换为设计人员直接需要的信息,如应力分布状况、结构变形状态等,并且绘成直观的图形,从而帮助设计人员迅速地评价和校核设计方案。到目前为止,很难通过 DFT 或分子动力学模拟来预测复合锂化和脱锂复合结构的力学性能。在本节中,通过建立有限元分析模型,以研究锂化和脱锂 SnO_2 纳米线的拉伸力学行为。

在该模型中,复合结构被假设为均匀和连续的介质(图 2-17),模拟详细信息见上述实验部分。在此,使用有限元软件包 ABAQUS 来模拟 SnO_2纳米线的拉伸力学行为。

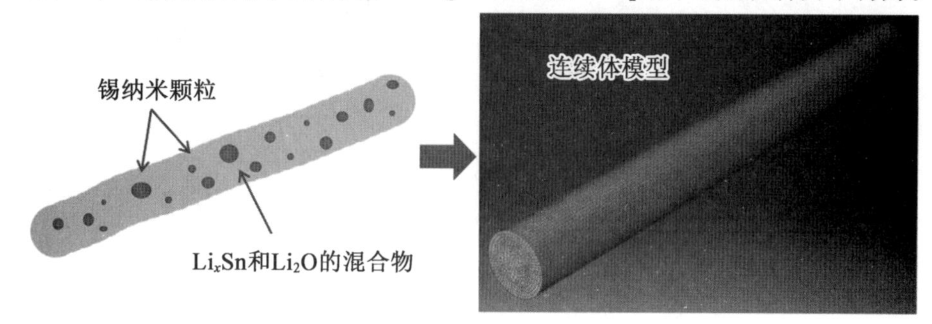

图 2-17　FEA 模型示意图

(其中假设具有复合结构的锂化或脱锂纳米线是均匀且连续的介质)

首先建立一个三维的杆状实体模型,赋予相应的材料属性,之后在该三维有限元模型上施加增量位移载荷,以获得在 10 个节点载荷下的相应应力分布。假设线性弹塑性硬化定律描述非线性力学行为。使用 8 节点缩减积分元素(C_3D_8R)对 SnO_2 纳米线进行网格划分,提交作业输出并且输出相应的几何和力学数据。然后通过后处理获得米泽斯(Mises)应力云图和拉伸 $\sigma-\varepsilon$ 曲线以便后续的分析和对比。

尽管原始 SnO_2纳米线存在塑性变形,但其相对较小,所有 6 个原始样品的拉伸 $\sigma-\varepsilon$ 曲线在很大程度上趋于线性。因此,在有限元模拟中为这种情况提出了一个简单的线性弹性定律。相反,发现锂化和脱锂样品的拉伸力学行为表现出明显的非线性行为。发现锂化和脱锂的纳米线的拉伸行为存在一些差异,这可能是因为每个样品的锂化或脱锂程度不同。根据的原位方法不同,在此,采用以下等式来描述非线性力学行为:

$$\sigma=\begin{cases}E\varepsilon & (0<\varepsilon\leqslant\varepsilon_e)\\ A\varepsilon^B & (\varepsilon_e<\varepsilon\leqslant\varepsilon_p)\end{cases} \tag{2-6}$$

式中,A 和 B 是称为硬化系数和硬化指数的拟合参数。通过使用方程(2-6),假设整个拉伸过程可以分为两部分:线性弹性段和塑性段。值得注意的是,忽略了线性弹性区和塑性区之间相对较小的非线性弹性转换区。众所周知,在一些金属材料由于易位错运动而产生的塑性变形阶段,流动应力对拉伸应变非常敏感。然而,发现在这种锂化复合材料结构的塑性变形过程中,拉伸应力随着拉伸应变的增加而增加。

为了能够描绘表观塑性硬化现象,如方程(2-6)所示的经典幂律函数应用于当前的理论研究。在这个简单的模型中,专注于拉伸行为和断裂强度的预测,而不考虑材料裂纹。E、ε_e 和 ε_f 用作输入参数。由于很难从现场实验中准确确定泊松比 μ,根据数值计算

取 $\mu=0.3$。可以看出,实验获得的应力-应变曲线与理论预测的应力-应变曲线几何重合、吻合良好(图 2-18)。

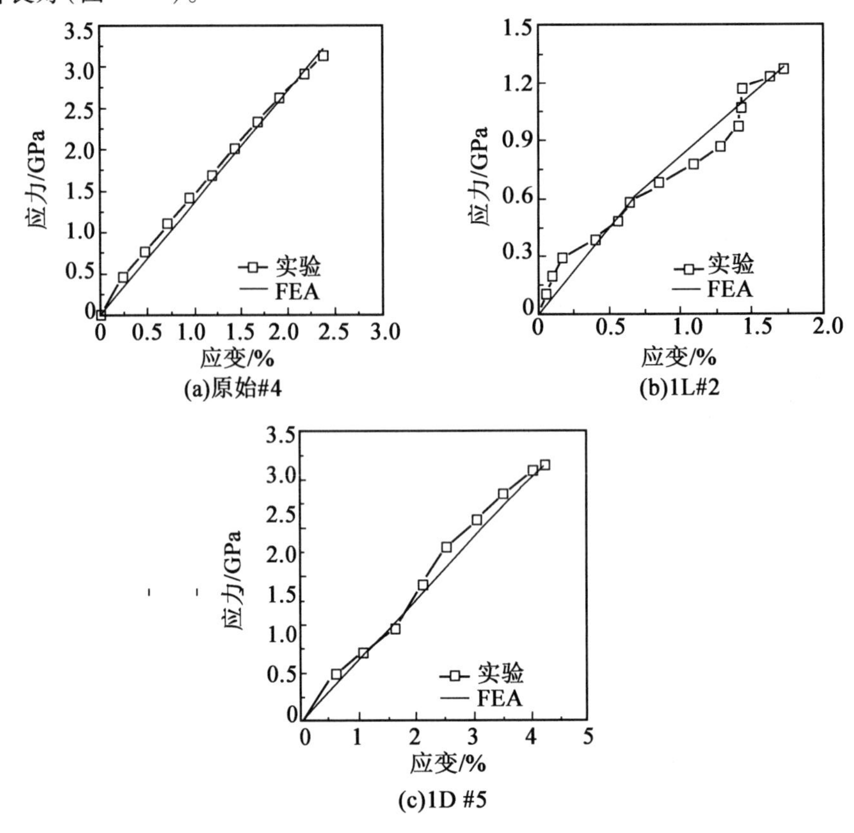

图 2-18 原始#4、1L#2 和 1D#5 样品的实验和理论应力-应变曲线

从实际角度来看,从这个简单模型中获得的拟合参数可以很好地估计在 LIBs 应用中使用的具有类似晶体结构的氧化锡纳米线的力学性能。

本章参考文献

[1] TENNAKONE K, BANDARA J, BANDARANAYAKE P K M, et al. Enhanced efficiency of a dye-sensitized solar cell made from MgO-coated nanocrystalline SnO_2: Semiconductors[J]. Japanese Journal of Applied Physics, 2001, 40(7):L732-L734.

[2] ZHAO K N, ZHANG L, XIA R, et al. SnO_2 quantum dots@ graphene oxide as a high-rate and long-life anode material for lithium-ion batteries[J]. Small, 2016, 12(5): 588-594.

[3] ZHANG L, ZHAO K, XU W, et al. Integrated SnO_2 nanorod array with polypyrrole coverage for high-rate and long-life lithium batteries[J]. Physical Chemistry Chemical Physics, 2015, 17(12):7619-7623.

[4] LI L J. Synthesis and photoluminescence properties of tin oxide nanostructures[J].

Gongneng Cailiao/Journal of Functional Materials, 2013, 44(9):1269-1271,1276.

[5] CALESTANI D, ZHA M, ZAPPETTINI A, et al. Structural and optical study of SnO_2 nanobelts and nanowires[J]. Materials Science & Engineering C, Biomimetic and Supramolecular Systems, 2005, 25(5/8):625-630.

[6] JOHARI A, BHATNAGAR M C, RANA V, et al. Effect of substrates on structural and optical properties of tin oxide (SnO_2) nanostructures[J]. Journal of Nanoscience and Nanotechnology, 2012, 12(10):7903-7908.

[7] WAGNER R S, ELLIS W C. Vapor-liquid-solid mechanism of single crystal growth[J]. Applied Physics Letters, 1964, 4(5):89-90.

[8] CAI Z, LI J. Facile synthesis of single crystalline SnO_2 nanowires[J]. Ceramics International, 2013, 39 (1):377-382.

[9] YING Z, WAN Q, SONG Z T, et al. SnO_2 nanowhiskers and their ethanol sensing characteristics[J]. Nanotechnology, 2004, 15(11):1682-1684.

[10] LIU Y, KOEP E, LIU M. Highly sensitive and fast-responding SnO_2 sensor fabricated by combustion chemical vapor deposition[J]. Chemistry of Materials, 2005, 17(15): 3997-4000.

[11] KALANTAR-ZADEH K, FRY B. Nanotechnology-enabled sensors[M]. Berlin: Springer, 2007.

[12] BERENGUE O M, DALMASCHIO C J, CONTI T G, et al. Synthesis and electrical characterization of tin oxide nanostructures[J]. MRS Online Proceedings Library (OPL), 2009, 1178(1):74-79.

[13] ZHANG J, LOYA P, CHENG P, et al. Quantitative in situ mechanical characterization of the effects of chemical functionalization on individual carbon nanofibers[J]. Advanced Functional Materials, 2012, 22(19):4070-4077.

[14] YANG Y C, LI X, WEN M R, et al. Brittle fracture of 2D $MoSe_2$[J]. Advanced Materials, 2017, 29(2):1604201.

[15] PENG Z, MA L, FAN F, et al. Fracture toughness of graphene[J]. Nature Communications, 2014, 5(1):3782.

[16] YIN Y, TALAPIN D. The chemistry of functional nanomaterials[J]. Chemical Society Reviews, 2013, 42(7):2484-2487.

[17] 王正直. 微纳米力学在纳米复合材料和仿壁虎爪纳米纤维阵列中的应用[D]. 合肥:中国科学技术大学, 2012.

[18] 陈县萍, 王贵友, 徐强,等. 聚氨酯/Al_2O_3纳米复合材料的制备和性能[J]. 功能高分子学报, 2008, 21(2):123-127.

[19] 齐泽昊, 周永权, 林炎炎,等. 纳米橡胶颗粒增韧环氧树脂摩擦学性能研究[J]. 塑料工业, 2015, 43(12):32-36.

[20] WEN B, SADER J E, BOLAND J J. Mechanical properties of ZnO nanowires[J]. Physical Review Letters, 2008, 101(17):175502.

[21] TAN E P S, LIM C T. Mechanical characterization of nanofibers-a review[J]. Composites Science and Technology, 2006, 66(9):1102-1111.

[22] ZHU Y, KE C, ESPINOSA H D. Experimental techniques for the mechanical characterization of one-dimensional nanostructures[J]. Experimental Mechanics, 2007, 47(1):7-24.

[23] STAN G, COOK R F. Mechanical properties of one-dimensional nanostructures[J]. Scanning Probe Microscopy in Nanoscience and Nanotechnology, 2010:571-611.

[24] WANG Z L, PONCHARAL P, DE HEER W A. Measuring physical and mechanical properties of individual carbon nanotubes by in situ TEM[J]. Journal of Physics and Chemistry of Solids, 2000, 61(7):1025-1030.

[25] NEUMAN K C, NAGY A. Single-molecule force spectroscopy:Optical tweezers, magnetic tweezers and atomic force microscopy[J]. Nature Methods, 2008, 5:491-505.

[26] SUNDARARAJAN S, BHUSHAN B, NAMAZU T, et al. Mechanical property measurements of nanoscale structures using an atomic force microscope[J]. Ultramicroscopy, 2002, 91(1):111-118.

[27] TAN E P S, LIM C T. Novel approach to tensile testing of micro-and nanoscale fibers[J]. Review of Scientific Instruments, 2004, 75(8):2581-2585.

[28] NEPAL D, BALASUBRAMANIAN S, SIMONIAN A L, et al. Strong antimicrobial coatings:Single-walled carbon nanotubes armored with biopolymers[J]. Nano Letters, 2008, 8(7):1896-1901.

[29] ZHOU P, WU C, LI X. Three-point bending Young's modulus of nanowires[J]. Measurement Science and Technology, 2008, 19(11):115703.

[30] TAN E P S, GOH C N, SOW C H, et al. Tensile test of a single nanofiber using an atomic force microscope tip[J]. Applied Physics Letters, 2005, 86(7):073115.

[31] GANGADEAN D, MCILROY D N, FAULKNER B E, et al. Winkler boundary conditions for three-point bending tests on 1D nanomaterials[J]. Nanotechnology, 2010, 21(22):225704.

[32] 原波, 王珺, 韩平畴,等. 基于 AFM 的聚己酸内酯纳米纤维的弯曲力学性能[J]. 高分子材料科学与工程, 2009, 25(5):49-52.

[33] TAN E P S, LIM C T. Physical properties of a single polymeric nanofiber[J]. Applied Physics Letters, 2004, 84(9):1603-1605.

[34] LI Q, LI W, FENG Q, et al. Thickness-dependent fracture of amorphous carbon coating on SnO_2 nanowire electrodes[J]. Carbon, 2014, 80:793-798.

[35] HUANG J Y, ZHONG L, WANG C M, et al. In situ observation of the electrochemical lithiation of a single SnO_2 nanowire electrode[J]. Science, 2010, 330(6010):1515-1520.

[36] NIE A, GAN L, CHONG Y, et al. Atomic-scale observation of lithiation reaction front in nanoscale SnO_2 materials[J]. ACS Nano, 2013, 7 (7):6203-6211.

[37] ZHONG L, LIU X H, WANG G F, et al. Multiple-stripe lithiation mechanism of individual SnO_2 nanowires in a flooding geometry[J]. Physical Review Letters, 2011, 106(24):248302.

[38] TAN E P S, ZHU Y, YU T, et al. Crystallinity and surface effects on Young's modulus of CuO nanowires[J]. Applied Physics Letters, 2007, 90(16):163112.

[39] BARTH S, HARNAGEA C, MATHUR S, et al. The elastic moduli of oriented tin oxide nanowires[J]. Nanotechnology, 2009, 20(11):115705.

[40] SONG B, LOYA P, SHEN L, et al. Quantitative in situ fracture testing of tin oxide nanowires for lithium ion battery applications[J]. Nano Energy, 2018, 53:277-285.

[41] WU X, AMIN S S, XU T T. Substrate effect on the Young's modulus measurement of TiO_2 nanoribbons by nanoindentation[J]. Journal of Materials Research, 2010, 25(5):935-942.

[42] AGRAWAL R, PENG B, GDOUTOS E E, et al. Elasticity size effects in ZnO nanowires-a combined experimental-computational approach[J]. Nano letters, 2008, 8(11):3668-3674.

[43] AGRAWAL R, PENG B, ESPINOSA H D. Experimental-computational investigation of ZnO nanowires strength and fracture[J]. Nano Letters, 2009, 9(12):4177-4183.

[44] KUSHIMA A, HUANG J Y, LI J. Quantitative fracture strength and plasticity measurements of lithiated silicon nanowires by in situ TEM tensile experiments[J]. ACS Nano, 2012, 6(11):9425-9432.

[45] LEE H, SHIN W, CHOI J W, et al. Nanomechanical properties of lithiated Si nanowires probed with atomic force microscopy[J]. Journal of Physics D: Applied Physics, 2012, 45(27):275301.

[46] WANG C M, XU W, LIU J, et al. In situ transmission electron microscopy observation of microstructure and phase evolution in a SnO_2 nanowire during lithium intercalation[J]. Nano Letters, 2011, 11(5):1874-1880.

[47] CHEN Z, ZHOU M, CAO Y, et al. In situ generation of few-layer graphene coatings on SnO_2-SiC core-shell nanoparticles for high-performance lithium-ion storage[J]. Advanced Energy Materials, 2012, 2(1):95-102.

[48] ZHANG L Q, LIU X H, LIU Y, et al. Controlling the lithiation-induced strain and charging rate in nanowire electrodes by coating[J]. Acs Nano, 2011, 5(6):4800-4809.

第3章　碳纳米管-碳纤维接枝强度

3.1　概　　述

碳纤维(CF)是一种含碳量在90%以上,碳原子一维排列的纤维状碳素材料。因其具有比强度高、耐腐蚀、耐摩擦、耐高温、抗氧化、抗疲劳、尺寸稳定、导电导热性好、电磁屏蔽性强等优异性能,被广泛应用于增强聚合物基复合材料。

碳纤维增强树脂基复合材料由纤维增强体、树脂基体以及两相之间的界面组成,具有出色的结构性能和潜在的多功能性,是国防军工、航空航天、汽车工业、土木建筑等诸多领域首选的理想材料,引发了众多复合材料研究人员的关注。

纤维作为复合材料中的增强相,通常具有高强度和高模量。基体与增强体通过界面间的黏接使复合材料成为一个整体,并将所受的载荷通过界面传递到增强体上,同时也保护增强体免受外界环境的化学作用和物理损伤。界面作为基体和增强体之间的桥梁,可协调二者的变形,将基体承受的外力传递给增强相,结合力适当的界面可阻止裂纹扩展、减缓应力集中。因此,界面的性能对复合材料整体的性能和强度至关重要。由于碳纤维高度结晶的石墨基面光滑且具有化学惰性,难以被聚合物基体润湿,故碳纤维复合材料在面外方向的性能较差。这种惰性光滑的碳纤维表面倾向于与基体产生较弱的界面黏附,导致层间强度较低,影响复合材料的最终力学性能。

针对碳纤维与基体界面结合弱这一难题,早有许多科研工作者提出了一种新的材料结构设计理念,即通过不同的处理工艺将碳纳米管接枝到碳纤维表面形成一种新的从微米尺度跨越到纳米尺度的多尺度增强体。目前为止,将碳纳米管接枝到纤维表面的方法主要包括:化学接枝(chemical grafting)法、化学气相沉积法、电泳沉积(electrophoretic deposition,EPD)法以及涂层法等。众所周知,碳纳米管具有高比表面积、高强度、高模量等一系列优异的性能,被视为复合材料增强体的终极表现形式。这种碳纳米管/碳纤维多尺度增强体与基体结合的同时,碳纳米管也会嵌入到基体中去。在外加载荷作用下,碳纳米管的存在会使纤维与基体之间的机械啮合作用增强,从而提高界面强度及韧性。

3.2　碳纳米管-碳纤维的制备及结构表征

3.2.1　化学接枝法

化学接枝法常用化学改性剂,如乙二胺、己二胺、环氧官能化多面体低聚物、己二异氰酸酯等分别对碳纤维、碳纳米管进行表面化学处理以在其表面引入羧基(—COOH)、羟基

(—OH)、氨基(—NH_2)等活性官能团。表面官能化的碳纤维和碳纳米管之间发生酯化或酰胺化等缩合反应,从而使碳纳米管和碳纤维之间形成化学键合。碳纳米管-碳纤维化学接枝反应示意图如图 3-1 所示。

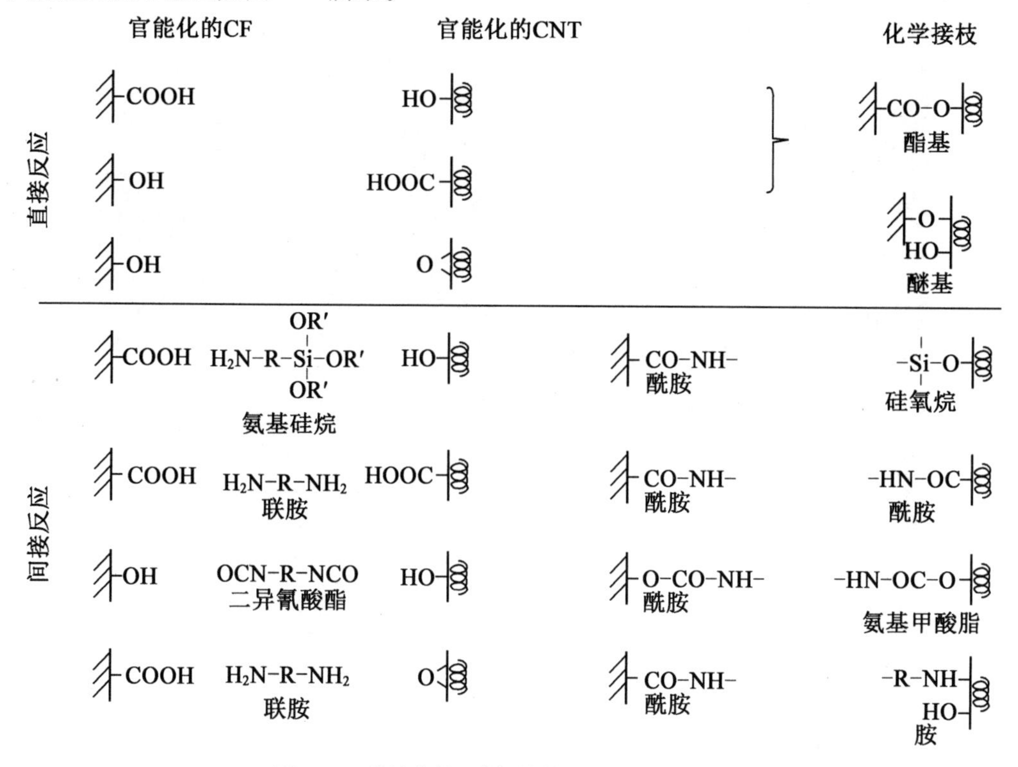

图 3-1　碳纳米管-碳纤维化学接枝反应示意图

He 等将用六亚甲基二胺(HMD)处理的 MWCNTs 接枝到经氧化、酰氯化处理的 CF 表面,通过氨基和酰氯基之间的亲核取代反应在 MWCNTs 和 CF 之间形成化学键合。SEM 显示,接枝的 MWCNTs 以不同角度黏附在 CF 表面,并沿纤维表面沟槽的外边缘均匀分布。接枝的 MWCNTs 长度为 50~200 nm,直径约为 14 nm,接枝含量为 1.2%。

Laachachi 等通过酸处理在 CNTs 表面引入羧基基团,并利用气相氧化法使 CF 表面修饰上羟基活性官能团,将功能化的 CNTs 分散在溶剂中后沉积于 CF 表面,从而制得 CNTs/CF 多尺度增强材料。研究了溶剂、温度、超声分散等参数对接枝效果的影响,其中以丙酮为溶剂时 CNTs 接枝效果最好。在不同溶剂中接枝 CNTs 的 SEM 图像如图 3-2 所示。

Peng 等和 Chen 等以聚酰胺-胺(PAMAM)为偶联剂,借助其表面含有大量氨基基团的特点,将羧基官能化的 CNTs 和 CF 连接在一起,大幅提高了 CNTs 的接枝含量并实现了 CNTs 在 CF 上的均匀分布。利用制备好的 CNTs/CF 增强体所制备的复合材料界面剪切强度(IFSS)提高了 111%,这主要归因于 CNTs 与 CF 之间的化学键合以及增强体与基体之间的机械互锁。

Zhao 等采用的化学改性剂为带有活性官能团环氧基的缩水甘油醚二甲基八面体倍半硅氧烷(POSS)。每个 POSS 分子包含 8 个环氧基,其与羧基化的碳纤维反应将使得纤维表面官能团数量成倍转化为环氧基团,以备与羧基化的碳纳米管反应。而且 POSS 侧链的环氧基团还可以和树脂基体固化剂发生反应,形成的化学键可作为碳纤维/碳纳米管/基体之间化学结合的桥梁,最终使复合材料层间剪切强度提高了 40%。CNTs/CF 增强体及复合材料示意图和化学接枝反应示意图如图 3-3 所示。

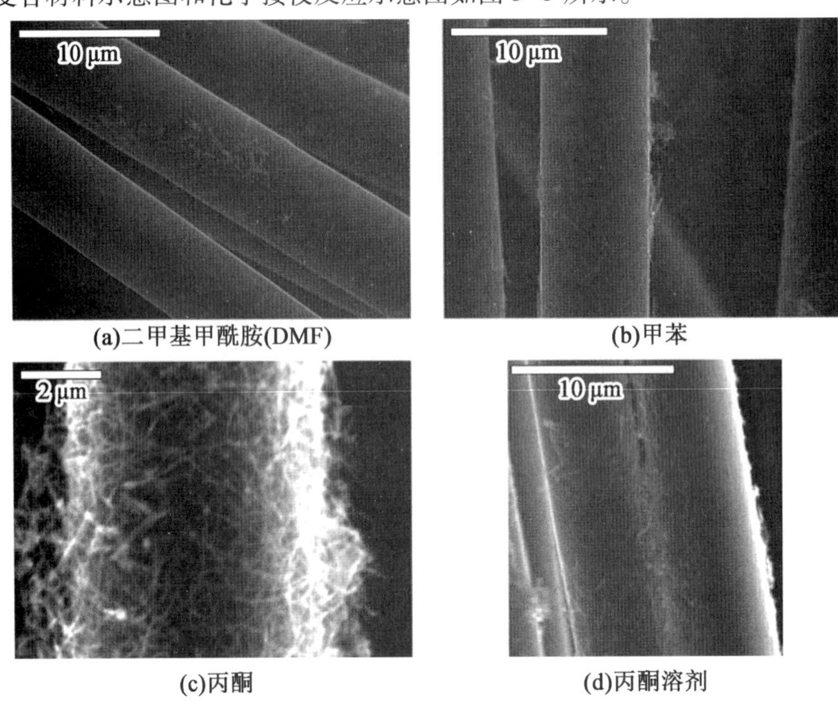

(a)二甲基甲酰胺(DMF)　(b)甲苯

(c)丙酮　(d)丙酮溶剂

图 3-2　在不同溶剂中接枝 CNTs 的 SEM 图像

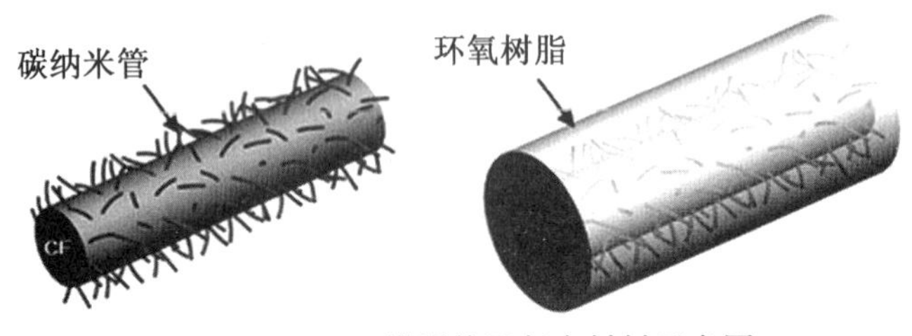

(a)CNTs/CF增强体及复合材料示意图

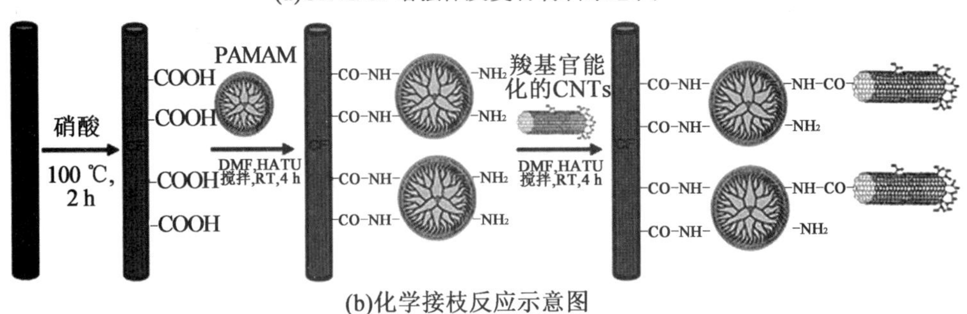

(b)化学接枝反应示意图

图 3-3　CNTs/CF 增强体及复合材料示意图和化学接枝反应示意图

相较于其他的制备方法所形成的跨尺度增强体内 CNTs 与 CF 的范德瓦耳斯力连接，化学接枝法制备的 CNTs/CF 跨尺度增强体中的 CNTs 与 CF 是以化学键连接的，其连接强度更高。但是通常由于碳纳米管接枝含量较低，容易在碳纤维表面形成团聚、分散均匀性较差，且大多倒伏于碳纤维表面，限制了复合材料界面性能的进一步提高。

3.2.2　化学气相沉积法

化学气相沉积(CVD)法是将作为基体的碳纤维加载催化剂后，放置于高温环境并通入气相碳源，通过催化剂裂解碳源生成活性碳原子沉积于碳纤维表面形成 CNTs。

目前，化学气相沉积法中最常用的催化剂为铁、钴、镍。除此之外，也有实验成功利用铜、304 不锈钢、铬、铝和钯等作为催化剂生成 CNTs。诸如铁、钴和镍之类的过渡金属具有很强的断裂和重整碳-碳键的能力，而诸如铜或铝之类的其他金属则相对没有很强的催化性能，但它们可能会影响碳的扩散和反应速率。二元或多元合金催化剂相比单金属催化剂在 CNTs 的生长方面更具优势。一些研究表明，某些铜镍混合物催化剂比纯镍催化剂具有更高的催化活性。由于在较高的温度下单金属催化剂不稳定，添加催化剂助剂(比如铜)可以确保其稳定性和耐久性，避免失活。而且使用铜作为催化剂助剂可提高镍的甲烷分解活性，改善镍在载体上的分散性。将负载有催化剂的碳纤维置于高温环境后，需通入碳源气体及保护气。常见的碳源气体有乙炔、乙烯、甲烷、甲苯、一氧化碳、己烷和丙烷，保护气通常为氮气和氢气。

Thostenson 等首次采用化学气相沉积法在 CF 表面生长 CNTs，制备过程是先在 700 ℃的真空下对 CF 进行热处理，以除去纤维表面的上浆剂，然后在 CF 表面溅射一层 304 不锈钢作为催化剂，将加载催化剂后的 CF 放置于管式炉中，以氮气和氢气为保护气、乙炔为气相碳源，沉积 0.5 h 后在 CF 表面会生长出 CNTs，其长度为 250~500 nm。与未改性的 CF/EP 复合材料相比，CNTs/CF 增强体与环氧树脂复合所得材料的界面强度提高了 15%。

通过对催化剂种类、沉积温度、沉积时间等工艺参数的优化，可进一步改善复合材料的界面结合强度和力学性能。Tzeng 等使用了不同浓度的硝酸镍作为催化剂前驱体，研究表明高浓度硝酸镍溶液制备的 CNTs 直径更大且分布范围更宽。这是因为 CNTs 的直径受催化剂颗粒尺寸的影响，而 SEM 显示，当使用硝酸镍溶液浓度较高时，碳纤维表面的催化剂颗粒尺寸通常更大。Zhao 等在 700 ℃、750 ℃和 900 ℃ 3 种不同的沉积温度下研究沉积温度对 CF 表面生长 CNTs 的影响规律，结果发现，当生长温度为 700 ℃时，CNTs 能够均匀分布在碳纤维的整个表面，其长度为 0.2~0.7 μm；900 ℃条件下 CNTs 的长度为 1.0~5.0 μm。由此得出结论，CNTs 的长度随着温度的升高而增加。Zheng 等通过改变生长时间研究 CNTs 的生长机制，分别采用了 3、5、10 和 20(min)4 种生长时间。研究表明，生长时间为 3 min 时，CNTs 短且细；生长时间为 5 min 时，CNTs 数量得到了增加；生长时间为 10 min 和 20 min 时，CNTs 长度进一步增加，同时生长更为密集。

Wicks 等采用 CVD 法在二维碳纤维织物表面垂直定向生长碳纳米管而形成三维的增强体，如图 3-4(a)所示。采用此三维增强体制备的复合材料的面内和层间机械性能均有所改善，增强机理如图 3-4(b)所示。定向生长的碳纳米管可以在层间形成桥接，碳纳米管从基体拔出、层间桥接增韧，使复合材料层间断裂韧性增加了76%、拉伸强度增加了5%，断裂失效模式从无碳纳米管的剪切失效（基体主导）变为有碳纳米管的拉拔断裂（纤维主导）。

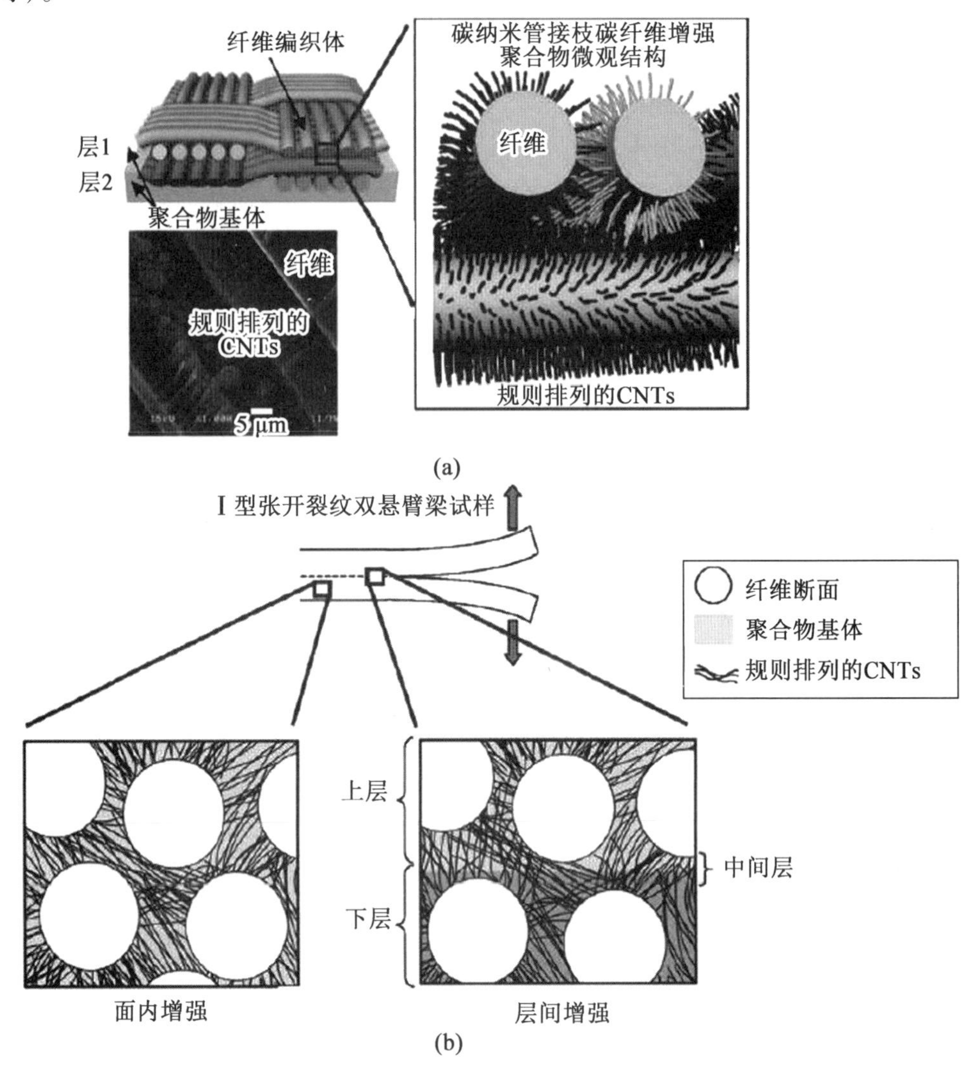

图 3-4　绒毛纤维增强树脂基复合材料示意图

CVD法优点在于可以在纤维表面引入定向的高生长密度的碳纳米管，碳纳米管接枝密度高，生长长度和形态可控，可同时实现对树脂基复合材料的面内、面外性能的改善。但CVD法也有缺点，例如难规模化；生长过程中使用的金属催化剂对碳纳米管与聚合物润湿有不利影响；在碳纤维表面生长的碳纳米管表面活性基团较少，后处理官能化困难；高温制备环境使纤维本身结构损伤进而导致其机械性能下降。

3.2.3　电泳沉积法

基于碳纤维的导电性，可采用电泳沉积（EPD）法将碳纳米管沉积在碳纤维表面。通过化学处理或离子型表面活性剂处理使碳纳米管带有电荷,通常羧基化的碳纳米管为负电性而氨基化的碳纳米管为正电性,然后带有电荷的碳纳米管在电场作用下受库仑作用力会沉积于碳纤维表面。根据碳纳米管所带电荷的不同可将电泳沉积法分为阴极沉积法和阳极沉积法,分别是指将正电性的碳纳米管沉积于阴极、将负电性的碳纳米管沉积于阳极(图 3-5)。

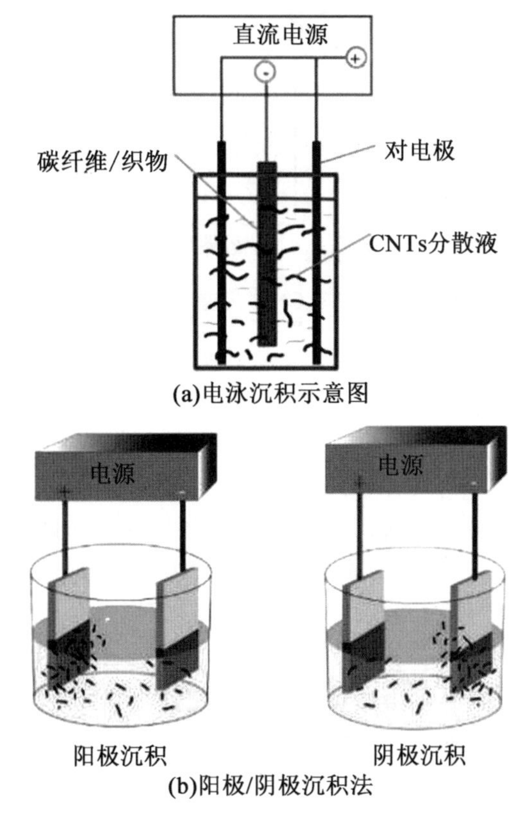

图 3-5　电泳沉积示意图和阳极/阴极沉积法

Bekyarova 等是最早利用 EPD 法在 CF 表面沉积 CNTs 的研究者之一。制备过程是先对 CNTs 进行酸处理使 CNTs 表面修饰上羧基基团,然后将其切成较小的片段后通过超声波分散在水中,再将碳纤维固定在不锈钢框架上作为工作电极,而放置在碳纤维两侧的另外两个不锈钢板则用作对电极。当在电极之间施加 20 V 的直流电压时,可观察到带负电的 CNTs 向碳纤维正电极移动并随后沉积于碳纤维表面。采用 EPD 法制备的 CNTs/CF 多尺度增强体复合材料中,CNTs 沉积量为 0. 25%时,复合材料的层间剪切强度提高了 27%,同时电导率提高了 30%。这表明 CNTs 的表面处理不仅可以提高其在溶液中的分散性,在纤维表面实现 CNTs 的高质量沉积,而且增强材料与树脂基体之间的结合效果也得到了改善,从而有助于提升复合材料的力学性能。

Zhang 等将 EPD 法与上浆工艺相结合,制备了一种 CNTs/CF 多尺度增强体增强杂萘联苯聚芳醚酮(PPEK)复合材料(图 3-6)。EPD 过程是在酸处理 MWCNTs/DMF 悬浮液中使用环形电极进行的,然后对沉积 MWCNTs 的 CF 进行上浆处理。研究显示,MWCNTs

均匀沉积在 CF 表面并与 CF 紧密附着。在 CF/PPEK 复合材料中引入 MWCNTs 后,增强材料与树脂基体的润湿性显著提高,IFSS 提高了 35.6%。

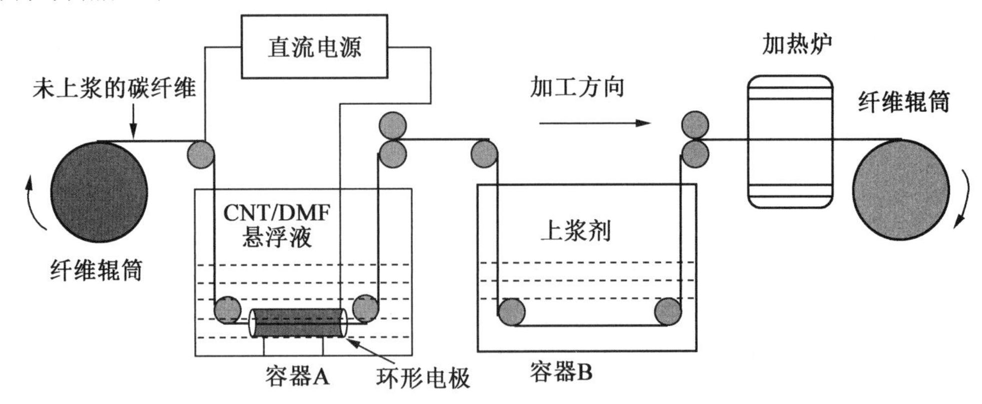

图 3-6 EPD 法结合上浆工艺制备 CNTs/CF 多尺度增强体增强 PPEK 复合材料的原理图

为了使 CNTs 定向沉积到 CF 表面,Li 等采用以 CF 为阴极的同轴圆柱电极,在较低的沉积电压下在 CF 表面定向沉积紧密排列的 CNTs。考察了 CNTs 直径及分散浓度、溶剂种类、沉积电压、沉积时间等因素对 CNTs 排列的影响。结果表明,当 CNTs 直径为 110~170 mm,分散浓度为 0.01 mg/mL,以乙腈(ACN)作为溶剂,在 30 V 的沉积电压下,沉积 20 s 后可得 CNTs 在 CF 表面垂直排列的 CNTs/CF 多尺度增强材料。通过界面性能测试发现,与未处理的 CF 增强复合材料相比,接触角和 IFSS 分别提高了 48.3%和 58.1%。Liu 等为 CNTs/CF 增强体的制备提供了一种简单、可扩展且具有成本效益的方法。通过超声辅助 EPD 定向沉积 CNTs,然后在 CNTs 和 CF 的接头处进行激光“焊接”,形成有利于树脂渗透的多孔网络结构,从而使 CF/PC 复合材料的界面结合强度显著提高。与未处理 CF 相比,CNTs/CF 多尺度增强体的表面自由能提高了 31.29%,IFSS 为 45.02 MPa,相比提高了 59.14%。

电泳沉积法可扩展、易操作、成本低,可应用于形状复杂的物体,其中 CNTs 的沉积量与沉积电压、沉积时间、溶液浓度、CNTs 分散性和表面状态等诸多因素有关。但是 EPD 法存在的问题是 CNTs 与 CF 的结合方式仅为物理结合使得增强效果有限,以及 CNTs 大都以“倒伏状”沉积在纤维表面,这种沉积方式难以充分发挥 CNTs 的增强优势。

3.3 单根碳纳米管从碳纤维表面原位拉拔测试

为了获得碳纳米管在碳纤维表面的接枝强度,需要对碳纳米管进行原位拉拔测试。如图 3-7(a)所示,在光学显微镜下使用普通碳胶带将数个碳纳米管/碳纤维多尺度增强体平行固定在金属块的侧面。为了清楚地观察每根碳纳米管的拓扑形态,金属块的侧面与观察方向形成约 20°角。为了观察整个纳米操纵过程并准确定位空间操纵位置,将纳米操纵器和原子力显微镜探针同时置于扫描电镜腔内,通过扫描电子显微镜高倍放大倍率观察并进行纳米操纵。选定一根碳纳米管后,在原子力显微镜探针的尖端涂上一层扫描电镜专用胶(图 3-7(b))。这种黏合剂在正常条件下呈软凝胶状并且黏合强度非常低。当受到强电子束照射时，会快速地发生聚合反应，黏合强度立即增加。将涂有胶水的原子力显微镜探针与目标碳纳米管充分接触，在强电子束下照射 20 s，以保证碳纳米管与探针之间有足够的黏合强度（图 3-7(a)），然后缓慢地沿垂直于碳纤维表面的方向匀速拉动碳纳米管。

为了精确地获得拉拔力的数值，在每次进行拉拔实验之前需要对传感器进行力校准，得到准确的压电值与力值之间的转化系数，其可以通过如下公式获得：

$$\gamma_t = \frac{\lambda_1}{\lambda_2} \tag{3-1}$$

式中，γ_t 为压电值与力值之间的转化系数，单位为 μN/V；λ_1 为校准梁的标准弹簧常数，9.38 μN/μm；λ_2 为校准过程中单位距离（μm）的压电值（V）。

通过这一过程可以直接获得整个拉拔过程的拉拔力-时间曲线。

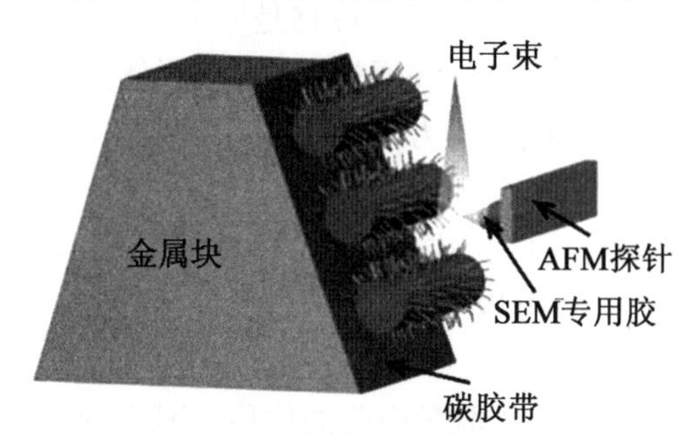

(a)单根碳纳米管从碳纤维表面拉拔过程

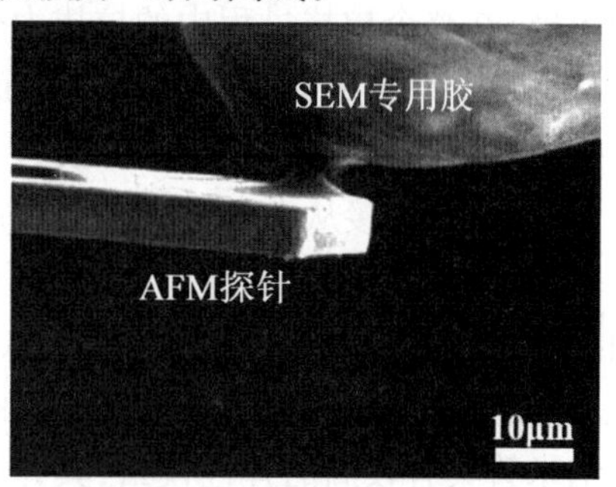

(b)涂抹扫描电镜专用胶到AFM探针上

图 3-7　单根碳纳米管从碳纤维表面拉拔过程和涂抹扫描电镜专用胶到 AFM 探针上

3.4　基于化学接枝的单根碳纳米管拉拔

3.4.1　基于化学接枝的拉拔失效行为

化学接枝法的一个关键步骤是将碳纳米管随机吸附在溶液中的碳纤维表面，然后通过化学键将碳纳米管接枝到碳纤维表面。通过该工艺，可以在碳纤维表面获得各种接枝构型的碳纳米管。例如，将整个碳纳米管吸附在纤维表面，将碳纳米管的两端或多个部分接枝在纤维表面等。对于将整个碳纳米管接枝到碳纤维表面的情况，碳纳米管很难与原子力显微镜探针连接，因此本节忽略了对这种接枝构型的研究。这里，选择了 3 种易于观察的接枝构型来进行碳纳米管的拉拔实验。第一种接枝构型是将碳纳米管的一部分接枝到纤维的表面，并且接枝的碳纳米管的轴向方向与纤维轴向方向平行（第一接枝构型），如图 3-8(a) 所示；第二种接枝构型是将碳纳米管的两端接枝到碳纤维表面而形成环形（第二接枝构型），如图 3-8(b) 所示；第三种接枝构型是将碳纳米管分多部分接枝到碳纤维表面（第三接枝构型），如图 3-8(c) 所示。本节主要研究从碳纤维表面剥离 3 种接枝构型碳纳米管的力学行为。

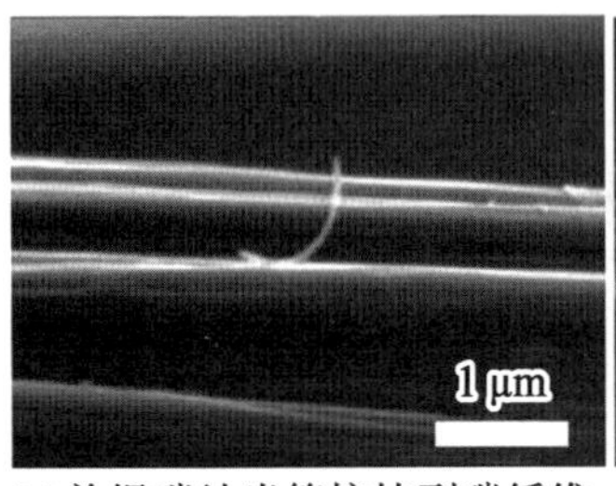

(a)单根碳纳米管接枝到碳纤维表面(接枝到碳纤维上的部分的轴向与纤维轴向平行)

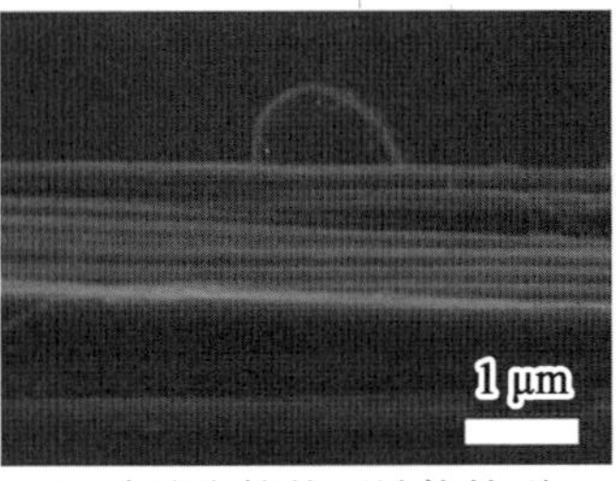

(b)碳纳米管的两端接枝到碳纤维表面而形成环形

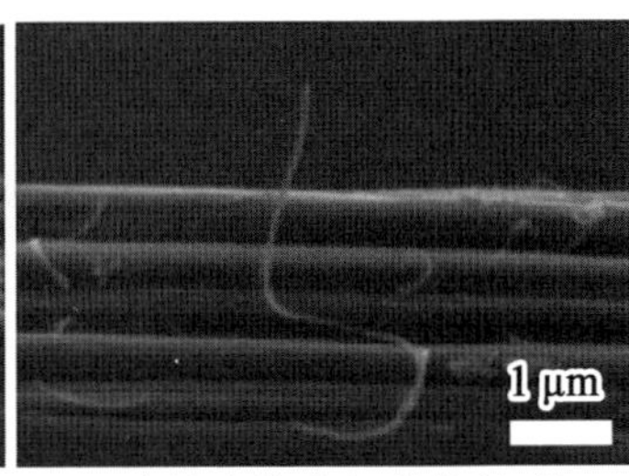

(c)碳纳米管多部分接枝到碳纤维表面

图 3-8 3 种不同的碳纳米管接枝构型

以 8 根具有相同接枝构型的碳纳米管为研究对象,图 3-9(a)显示了其中两个试样(3 号和 5 号)在整个拉拔过程中的拉拔力-位移曲线。其中,拉拔位移是原子力显微镜探针尖端沿垂直于纤维表面且背离纤维表面方向的相对位移,并通过测量原子力显微镜探针在拉拔图片中的移动距离获得;拉拔力为沿位移方向原子力显微镜探针于碳纳米管间的相互作用力,可直接从力测量系统中获得。结合测量系统直接获得的拉拔力-时间曲线,可以获得原子力显微镜探针每移动单位距离所对应的拉拔力的值,从而可以获得从纤维表面拔出碳纳米管的力-位移曲线。从图 3-9(b)可以看出,拉拔位移主要由两方面组成,一方面是碳纳米管与纤维脱黏引起的位移;另一方面是碳纳米管的弹性伸长率,但由于碳纳米管具有较高的弹性模量,其弹性伸长率远小于脱黏引起的位移。因此,碳纳米管与碳纤维的脱黏长度决定了拉拔位移的大小,从而间接影响了碳纳米管和碳纤维之间的界面结合韧性。

图 3-9(c)和 3-9(d)分别为 3 号和 5 号试样整个剥离过程的扫面电镜图片。对于 3 号试样,可以看到它的一端接枝到碳纤维表面,另一端通过扫描电镜胶水牢牢地连接到原子力显微镜探针上。当探针背离纤维表面移动某一距离后,碳纳米管突然从纤维表面剥离(剥离瞬间碳纳米管与纤维的接枝长度约 500 nm)(图 3-6(c))。对于 5 号试样,可以观察到与 3 号试样相似的剥离过程,然而,其剥离瞬间的接枝长度(约 60 nm)远小于 3 号试样,且剥离瞬间碳纳米管呈现很强的刚性。Qu 等人在研究碳纳米管阵列与光滑基片之间的干摩擦作用时发现,当碳纳米管与基片所成角度小于某一临界值时,其剥离主要由纳米管与基片的剪切作用引起;而当所成角度大于这一临界值时,剥离主要由正向作用力引起。因此,通过以上分析可以断定,对于碳纳米管从纤维表面的剥离同样存在两种剥离机制,即切向作用剥离以及正向作用剥离,这两种机制主要由碳纳米管与碳纤维所成的角度决定。

3.4.2 化学接枝强度

1. 实验分析

图 3-10(a)展示了第二接枝构型碳纳米管从碳纤维表面拉拔的全过程,图 3-10(b)展示了相应拉拔过程的拉拔力-位移曲线。结合图 3-10(a)和图 3-10(b),在拉拔过程的第 Ⅰ 阶段,由于碳纳米管的弯曲作用,拉拔载荷缓慢增加,直到 12 nN(点①);在第 Ⅱ 阶

段(从点①到②),由于碳纳米管的一端从碳纤维表面剥离,拉拔力从 12 nN 降至 9 nN;之后,在第Ⅲ阶段,碳纳米管逐渐被拉直,拉拔载荷呈线性增加到 843 nN(点③);最后,在第Ⅳ阶段,碳纳米管与 AFM 探针发生脱黏。

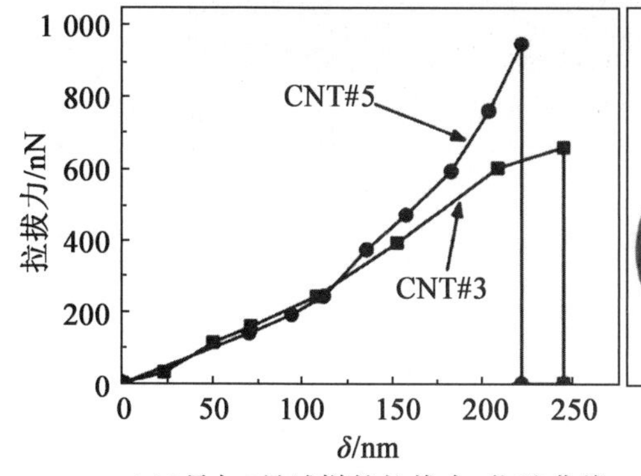

(a)3号与5号试样的拉拔力-位移曲线

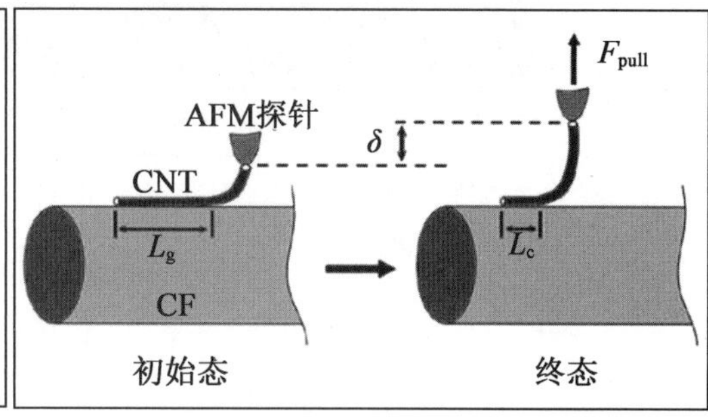

(b)碳纳米管从碳纤维表面拉拔的示意图

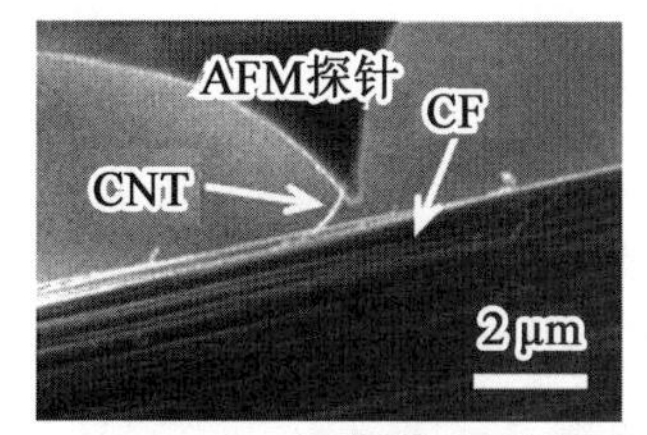

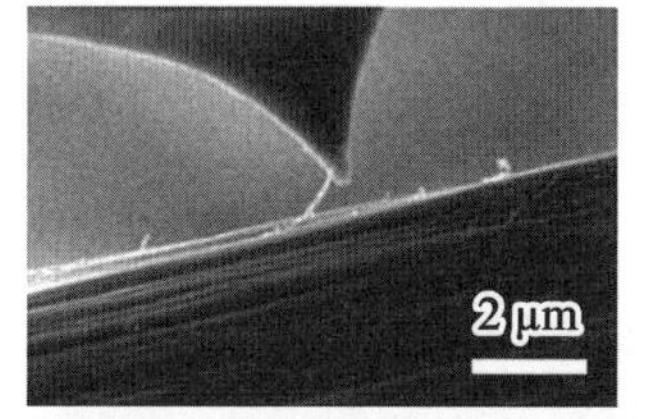

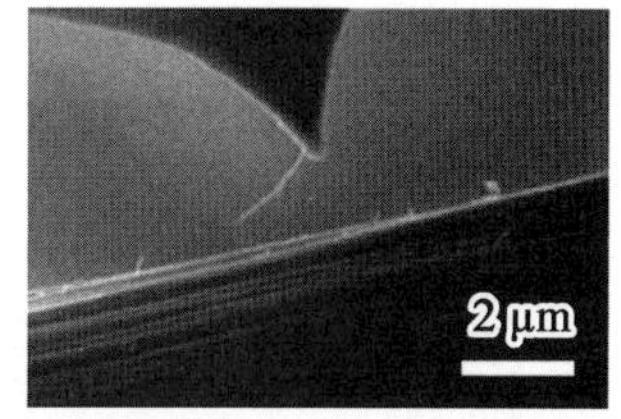

(c)3号试样整个拉拔过程的扫面电镜图片

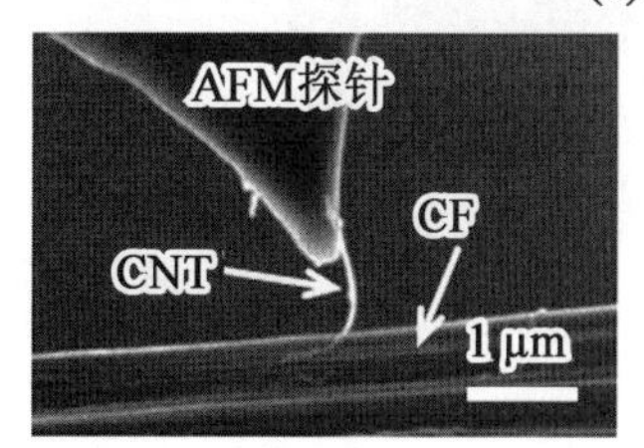

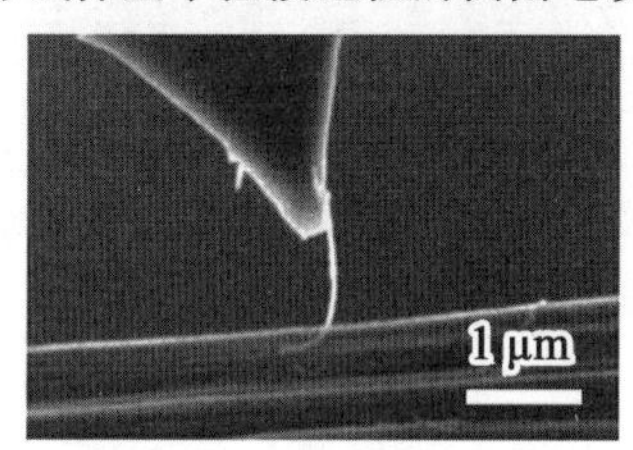

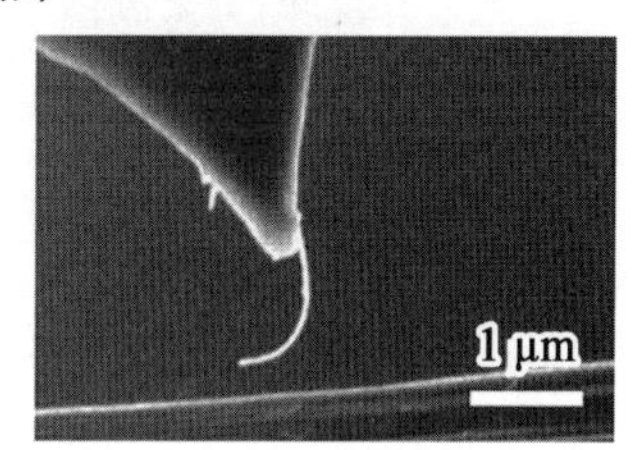

(d)5号试样整个拉拔过程的扫描电镜图片

图 3-9　CNTs 从碳纤维表面剥离

图 3-11(a)展示了第三接枝构型碳纳米管从碳纤维表面拉拔的全过程,整个拉拔过程分成 5 个阶段,碳纳米管的自由长度为 1 μm,与 AFM 探针相连接的长度为 300 nm,相对应的拉拔力-位移曲线如图 3-11(b)所示。在第Ⅰ阶段,自由部分的碳纳米管逐渐被拉直,同时从碳纤维表面脱黏,拉拔载荷呈非线性增加直到最大值 399 nN(点①);在第Ⅱ阶段,部分碳纳米管从碳纤维表面的脱黏而使拉拔力迅速从点①降落到点②,并且脱黏部分的碳纳米管由于残余应力作用仍保持弹簧形状;在第Ⅲ阶段(从点②到点③),弹簧形状的碳纳米管被拉直,然而,拉拔载荷没有明显的增加;在第Ⅳ阶段(从点③到点④),伴随着拉拔载荷的稳定增加,碳纳米管进一步从碳纤维表面脱黏,直到整个碳纳米管从碳纤维表面剥离(第Ⅴ阶段)。

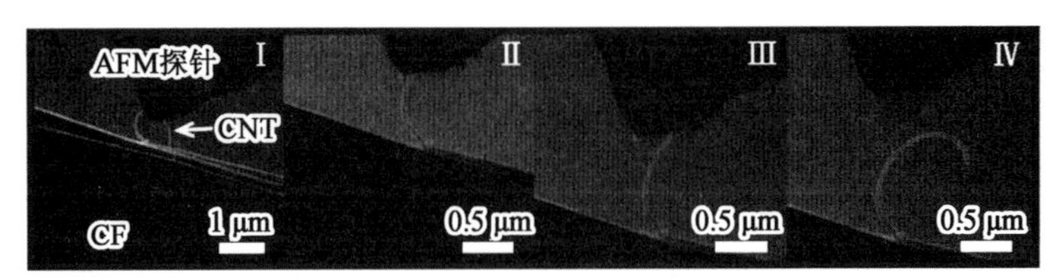

(a)第二接枝构型碳纳米管拉拔全过程

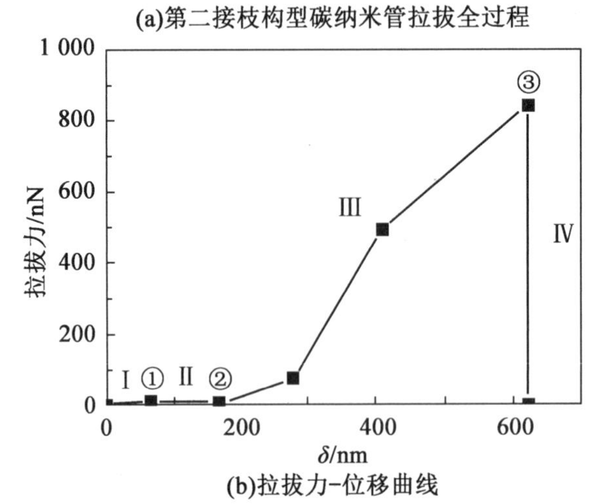

(b)拉拔力-位移曲线

图 3-10　第二接枝构型碳纳米管拉拔全过程和拉拔力-位移曲线

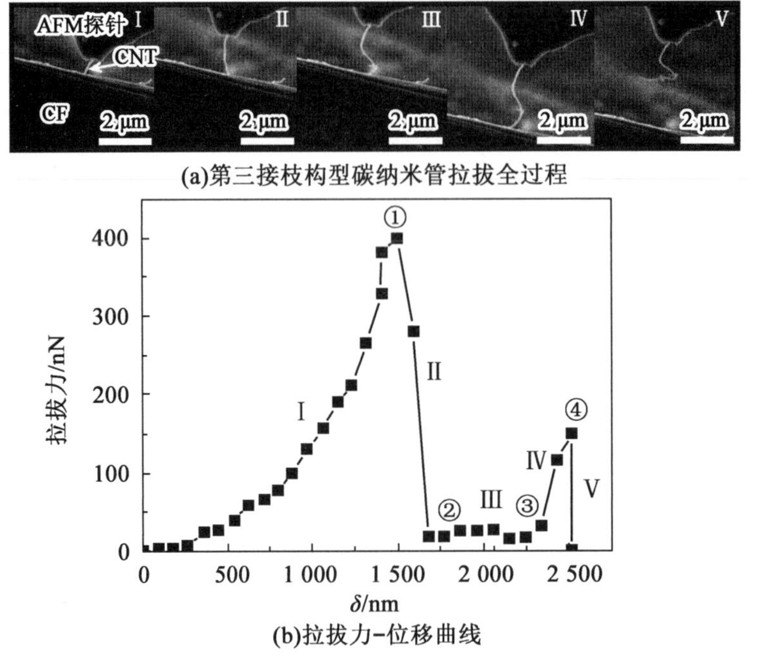

(b)拉拔力-位移曲线

图 3-11　第三接枝构型碳纳米管拉拔全过程和拉拔力-位移曲线

2. 理论分析

在这里，定义碳纳米管从碳纤维表面瞬间剥离所对应的最大拉拔力为碳纳米管在碳纤维表面的接枝力。首先采用如下公式估算平行的碳纳米管与碳纤维之间单位长度的范德瓦耳斯作用力 f_{vdW}：

$$f_{vdW}=\frac{AD^{-\frac{5}{2}}}{16}\sqrt{\frac{d_{CNT}d_{CF}}{d_{CNT}+d_{CF}}} \tag{3-2}$$

式中，d_{CNT} 与 d_{CF} 分别为碳纳米管与碳纤维的直径；A 为 Hamaker 常数（也称范德瓦耳斯力作用系数，对于活性炭材料的相互作用取 6×10^{-20} J）；D 为碳纳米管与碳纤维之间的截断距离，假设碳纳米管与碳纤维之间为完美的线性接触，取 $D=0.34$ nm。由于被测试的碳纳米管长度比较短，在剥离的瞬间呈现很强的刚性作用，因此假设碳纳米管的临界接枝长度 L_c 与范德瓦耳斯接枝力 F_{vdW} 成正比：

$$F_{vdW}=f_{vdW}L_c \tag{3-3}$$

将式（3-2）代入式（3-3）可以计算出范德瓦耳斯接枝力的大小。将实验参数 d_{CNT}、L_c，计算的范德瓦耳斯接枝力 F_{vdW} 以及实测的范德瓦耳斯接枝力 F_{pull} 列入表 3-1 中。通过表 3-1 中可以看到，2 号、4 号、6 号、7 号试样的范德瓦耳斯接枝力较小，其主要原因可能是碳纳米管的刚性弯曲作用导致碳纳米管与碳纤维接触不紧密，另外也可能是纤维表面粗糙引起的接触不紧密，从而导致范德瓦耳斯作用减弱。8 号试样的预测值略大于实测值，而 1 号、3 号和 5 号试样预测值与实测值相差很大，例如，5 号试样的实测值比预测的范德瓦耳斯力大约 7 倍。其最可能的原因主要是此种材料体系碳纳米管与碳纤维之间不仅存在范德瓦耳斯力作用，还存在更强的化学键合作用。

在这种材料体系中，碳纳米管与碳纤维之间存在一层很薄的树枝状大分子（平均直径为 1.5 nm）。每个大分子上有 4 个活性官能团，为了简化分析，假设每两个官能团分别与碳纳米管和碳纤维发生化学键合作用，这时每个大分子提供的连接力最强，即化学键合作用的上限值。每根化学键的作用力近似为 3 nN，如果假设碳纳米管与碳纤维之间线性接触且它们的界面之间仅存在一层吸附完好的树枝状大分子（图 3-12（a）），那么可以容易地得到单位长度化学键合作用力为 4 nN。1 号、3 号和 5 号试样化学接枝力预测结果如图 3-12（b）所示。

图 3-12（c）展示了碳纳米管接枝力与临界接枝长度 L_c 之间的关系，从图中没有看到简单的线性关系，但明显观察到存在一临界长度（约 200 nm），当 L_c 小于这一长度时，接枝力在 57~91 nN 范围内；当 L_c 大于这一长度时，接枝力突然有明显增加，在 520~950 nN 范围内。

最后，定义碳纳米管接枝力与临界接枝长度在碳纤维的投影面积之比为碳纳米管的接枝强度 σ_g，如下公式：

$$\sigma_g=\frac{F_{pull}}{A_g}=\frac{F_{pull}}{L_c d_{CNT}} \tag{3-4}$$

通过计算，所有试样的接枝强度在 5~90 MPa（图 3-9（d））之间，这一变化范围一方面主要是由化学键合作用分布不均匀引起的；另一方面是由碳纳米管自身几何参数（直径 d_{CNT} 与临界接枝长度 L_c）决定的。

表 3-1　实验参数 d_{CNT}、L_c，计算的范德瓦耳斯接枝力 F_{vdW} 以及实测的范德瓦耳斯接枝力 F_{pull}

试样编号	d_{CNT}/nm	L_c/nm	F_{vdW}/nN	F_{pull}/nN
#1	56	215	89	520
#2	65	130	58	65
#3	92	305	161	662
#4	75	58	28	57
#5	55	191	79	950
#6	60	173	74	91
#7	66	105	35	80
#8	54	200	82	57

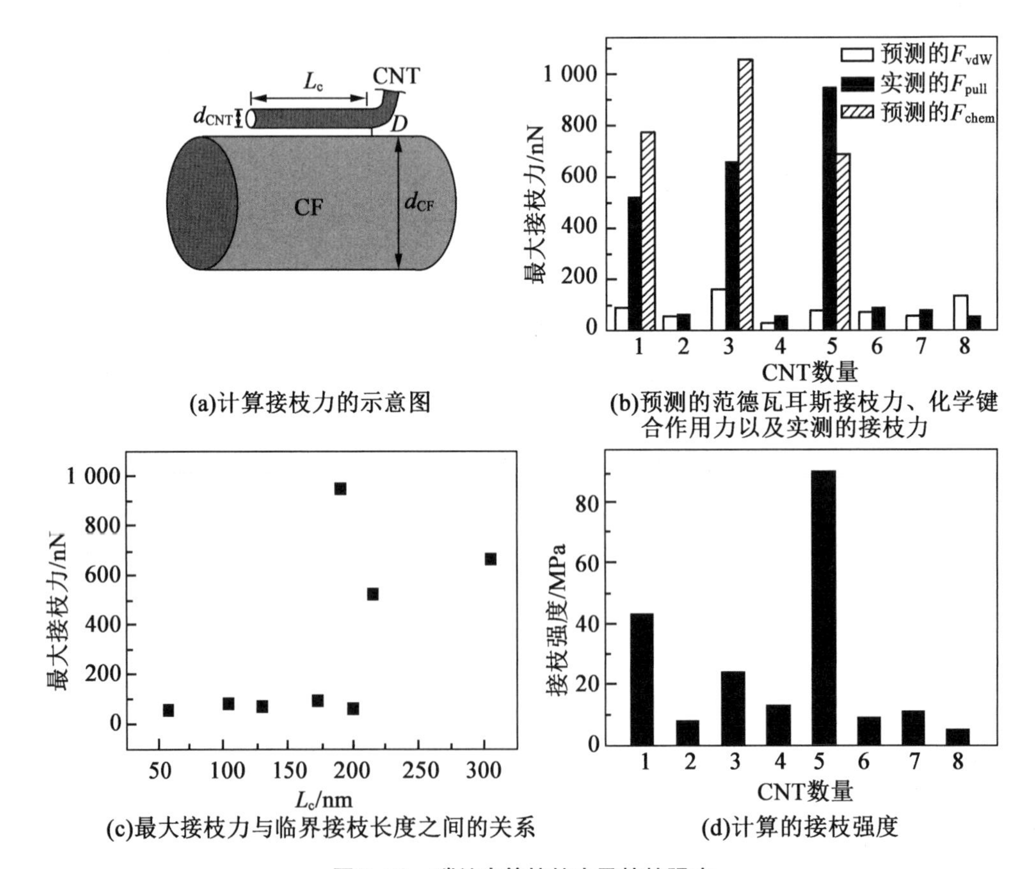

(a)计算接枝力的示意图

(b)预测的范德瓦耳斯接枝力、化学键合作用力以及实测的接枝力

(c)最大接枝力与临界接枝长度之间的关系

(d)计算的接枝强度

图 3-12　碳纳米管接枝力及接枝强度

3.5　基于CVD接枝的单根碳纳米管拉拔

3.5.1　基于CVD接枝的拉拔失效行为

将11根碳纳米管作为研究对象，图3-13(a)展示了1号和5号的拉拔力-时间曲线。拉拔初期，碳纳米管从自由状态被拉紧，力曲线上升比较缓慢，随着拉拔力的逐渐增加，碳纳米管发生弹性伸长，直到碳纳米管从碳纤维表面剥离(1号试样，图3-13(b))或者碳纳米管被拉断(5号试样，图3-13(c))。在本测试中，4根碳纳米管从纤维表面剥离，7根碳纳米管被拉断。所测试的碳纳米管的几何参数(长度l_{CNT}、直径d_{CNT})、最大拉拔力F_{max}以及破坏模式如表3-2所示。

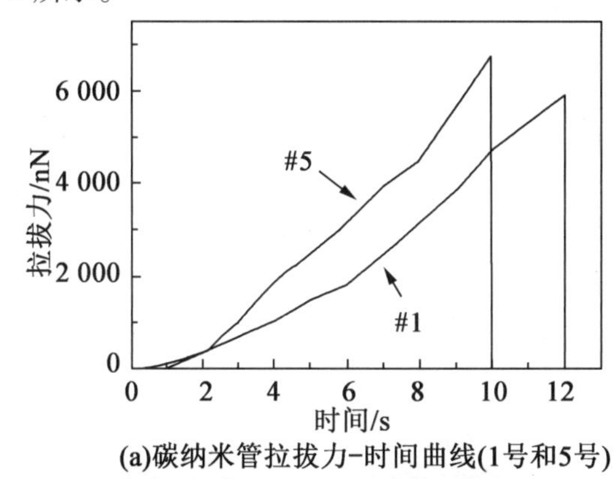

(a)碳纳米管拉拔力-时间曲线(1号和5号)

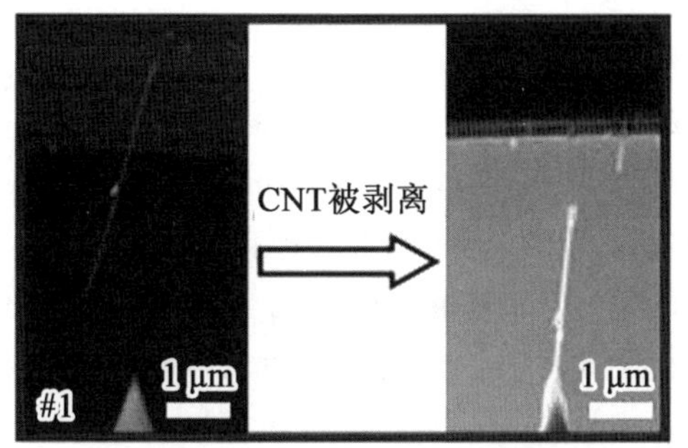

(b)碳纳米管从碳纤维表面剥离

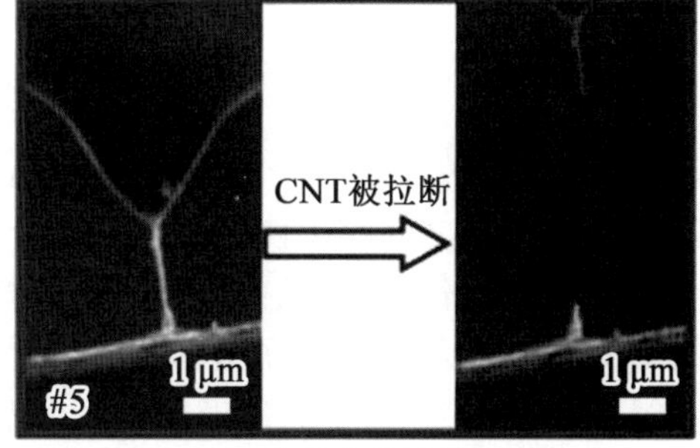

(c)碳纳米管被拉断

图3-13　碳纳米管的剥离模式

表3-2　被测碳纳米管物理参数、最大拉拔力以及破坏模式

试样编号	l_{CNT}/nm	d_{CNT}/nm	F_{max}/nN	破坏模式
#1	2 630	77	5 920	剥离
#2	4 390	105	8 082	拉断
#3	2 890	61	4 255	拉断
#4	4 750	88	4 687	剥离

续表 3-2

试样编号	l_{CNT}/nm	d_{CNT}/nm	F_{max}/nN	破坏模式
#5	2 260	116	6 779	拉断
#6	3 730	117	7 500	拉断
#7	660	96	6 562	拉断
#8	1 380	92	4 489	剥离
#9	1 010	118	8 504	拉断
#10	5 060	68	5 510	剥离
#11	1 510	109	6 486	拉断

3.5.2 CVD 接枝强度

从图 3-14(a)可以看出碳纳米管的最大拉拔力 F_{max} 与外径 d_{CNT} 之间存在简单的线性关系。通过图 3-14(a)也可以发现剥离失效主要集中在小直径的碳纳米管(68~92 nm);断裂失效主要集中在大直径的碳纳米管(96~118 nm)。其原因可能是小直径的碳纳米管的缺陷较少,可以承受更大的拉拔载荷从而导致碳纳米管从纤维表面剥离;而大直径的碳纳米管表面缺陷相对较多,承载能力下降,从而在达到碳纳米管与纤维之间最大承受载荷之前发生断裂。

为了考察碳纳米管与碳纤维之间可能的作用机制,假设碳纳米管与碳纤维之间仅存在范德瓦耳斯接枝力 F_{vdW}:

$$F_{vdW}=\frac{Ad_{CNT}}{12D^2} \tag{3-5}$$

式中,D 为碳纳米管与碳纤维表面之间的截断距离,取 0.34 nm;A 为 Hamaker 常数。在碳纳米管与碳纤维之间的接枝区域存在碳纳米管与碳纤维、碳纳米管与镍颗粒、镍颗粒与碳纤维之间的相互作用,因此很难确定准确的 Hamaker 常数来描述范德瓦耳斯作用,在本研究中,取碳-碳之间的相互作用系数 6×10^{-20} J 来获得碳纳米管与碳纤维之间范德瓦耳斯接枝力上限值,然后与实验值做比较。根据式(3-5),碳纳米管与碳纤维之间平均范德瓦耳斯接枝力为 35.14 nN(针对剥离破坏的碳纳米管),相对应的实验平均值为 5.15 μN,是范德瓦耳斯接枝力的 147 倍,通过以上结果可以看出碳纳米管与碳纤维之间的范德瓦耳斯作用假设不合理。实际上,在碳纳米管生长的过程中,镍颗粒通过高温石墨牢牢地吸附在碳纤维表面,在这种高温条件下,金属催化剂颗粒可能会诱导碳纳米管与碳纤维之间通过石墨壁相连,即碳与碳之间的共价键连接,这种生长机理也可以参阅文献[26]。

为了进一步探讨碳纳米管与碳纤维之间的作用机制,对于从纤维表面剥离的碳纳米管,定义其最大拉拔力与碳纳米管最外壁横截面积之比为碳纳米管的接枝强度 σ:

$$\sigma=\frac{F_{max}}{\pi d_{CNT}t} \tag{3-6}$$

式中,t 为单层石墨厚度,取 0.34 nm。这一定义与多壁碳纳米管的拉伸强度的定义相同,从而可以进行相应强度的比较,图 3-14(b)展示了碳纳米管的接枝强度((61±13)GPa)与拉断强度((63±6)GPa)非常接近,这一比较也暗示了碳纳米管与碳纤维表面的接枝类型为碳-碳共价键连接(sp^2 或者 sp^3 键)。然而目前为止,由于碳纳米管实际的生长过程非常复杂,很难直接确定碳纳米管与碳纤维的接枝类型。

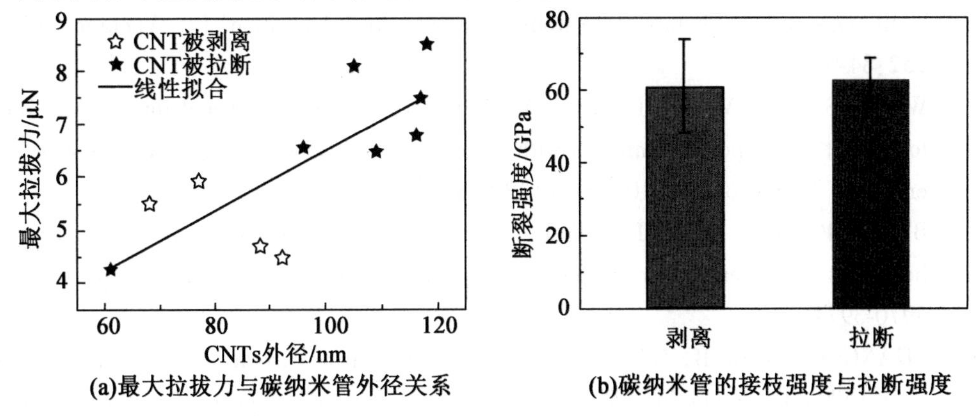

(a)最大拉拔力与碳纳米管外径关系 (b)碳纳米管的接枝强度与拉断强度

图 3-14 最大拉拔力与碳纳米管外径关系和碳纳米管的接枝强度与拉断强度

本章参考文献

[1] HE X D, ZHANG F H, WANG R G, et al. Preparation of a carbon nanotube/carbon fiber multi-scale reinforcement by grafting multi-walled carbon nanotubes onto the fibers [J]. Carbon, 2007, 45(13):2559-2563.

[2] LAACHACHI A, VIVET A, NOUET G, et al. A chemical method to graft carbon nanotubes onto a carbon fiber[J]. Materials Letters, 2008, 62(3):394-397.

[3] PENG Q, HE X, LI Y, et al. Chemically and uniformly grafting carbon nanotubes onto carbon fibers by poly(amidoamine) for enhancing interfacial strength in carbon fiber composites[J]. Journal of Materials Chemistry, 2012, 22(13):5928-5931.

[4] CHEN B, LI X, YANG J, et al. Enhancement of the tribological properties of carbon fiber/epoxy composite by grafting carbon nanotubes onto fibers[J]. Rsc Advances, 2016, 6(55):49387-49394.

[5] ZHAO F, HUANG Y, LIU L, et al. Formation of a carbon fiber/polyhedral oligomeric silsesquioxane/carbon nanotube hybrid reinforcement and its effect on the interfacial properties of carbon fiber/epoxy composites[J]. Carbon, 2011, 49(8):2624-2632.

[6] ZHANG R L, WANG C G, LIU L, et al. Polyhedral oligomeric silsesquioxanes/carbon nanotube/carbon fiber multiscale composite: Influence of a novel hierarchical reinforcement on the interfacial properties[J]. Applied Surface Science, 2015, 353:224-231.

[7] THOSTENSON E T, LI W Z, WANG D Z, et al. Carbon nanotube/carbon fiber hybrid multiscale composites[J]. Journal of Applied Physics, 2002, 91(9):6034-6037.

[8] TZENG S S, HUNG K H, KO T H. Growth of carbon nanofibers on activated carbon fi-

ber fabrics[J]. Carbon, 2006, 44(5):859-865.

[9] ZHAO Z G, CI L J, CHENG H M, et al. The growth of multi-walled carbon nanotubes with different morphologies on carbon fibers[J]. Carbon, 2005, 43(3):663-665.

[10] ZHENG L, WANG Y, QIN J, et al. Scalable manufacturing of carbon nanotubes on continuous carbon fibers surface from chemical vapor deposition[J]. Vacuum, 2018, 152:84-90.

[11] WICKS S S, DE VILLORIA R G, WARDLE B L. Interlaminar and intralaminar reinforcement of composite laminates with aligned carbon nanotubes[J]. Composites Science and Technology, 2010, 70(1):20-28.

[12] BEKYAROVA E, THOSTENSON E T, YU A, et al. Multiscale carbon nanotube-carbon fiber reinforcement for advanced epoxy composites[J]. Langmuir, 2007, 23(7):3970-3974.

[13] ZHANG S, LIU W B, HAO L F, et al. Preparation of carbon nanotube/carbon fiber hybrid fiber by combining electrophoretic deposition and sizing process for enhancing interfacial strength in carbon fiber composites[J]. Composites Science and Technology, 2013, 88:120-125.

[14] LI L, LIU W, YANG F, et al. Interfacial reinforcement of hybrid composite by electrophoretic deposition for vertically aligned carbon nanotubes on carbon fiber[J]. Composites Science and Technology, 2020, 187:107946.

[15] LIU Y T, YAO T T, ZHANG W S, et al. Laser welding of carbon nanotube networks on carbon fibers from ultrasonic-directed assembly[J]. Materials Letters, 2019, 236:244-247.

[16] DEMCZYK B G, WANG Y M, CUMINGS J, et al. Direct mechanical measurement of the tensile strength and elastic modulus of multiwalled carbon nanotubes[J]. Materials Science and Engineering:A, 2002, 334(1):173-178.

[17] DENG L, EICHHORN S J, KAO C C, et al. The effective Young's modulus of carbon nanotubes in composites[J]. ACS Applied Materials & Interfaces, 2011, 3(2):433-440.

[18] LU W, CHOU T W. Analysis of the entanglements in carbon nanotube fibers using a self-folded nanotube model[J]. Journal of the Mechanics and Physics of Solids, 2011, 59(3):511-524.

[19] TO C W S. Bending and shear moduli of single-walled carbon nanotubes[J]. Finite Elements in Analysis and Design, 2006, 42(5):404-413.

[20] WONG E W, SHEEHAN P E, LIEBER C M. Nanobeam mechanics: Elasticity, strength, and toughness of nanorods and nanotubes[J]. Science, 1997, 277(5334):1971-1975.

[21] YU M F, LOURIE O, DYER M J, et al. Strength and breaking mechanism of multiwalled carbon nanotubes under tensile load[J]. Science, 2000, 287(5453):637-640.

[22] QU L, DAI L, STONE M, et al. Carbon nanotube arrays with strong shear binding-on and easy normal lifting-off[J]. Science, 2008, 322(5899):238-242.

[23] LECKBAND D, ISRAELACHVILI J. Intermolecular forces in biology[J]. Quarterly Reviews of Biophysics, 2001, 34(2):105-267.

[24] PEUKERT W, MEHLER C, GOTZINGER M. Novel concepts for characterisation of heterogeneous particulate surfaces[J]. Applied Surface Science, 2002, 196(1):30-40.

[25] AKITA S, NAKAYAMA Y. Interlayer sliding force of individual multiwall carbon nanotubes[J]. Japanese Journal of Applied Physics, 2003, 42(7S):4830.

[26] LV P, FENG Y Y, ZHANG P, et al. Increasing the interfacial strength in carbon fiber/epoxy composites by controlling the orientation and length of carbon nanotubes grown on the fibers[J]. Carbon, 2011, 49(14):4665-4673.

第 4 章　多层氧化石墨烯纳米片拉伸力学

4.1　概　　述

由氧化石墨烯(GO)“柔性”二维结构单元组装而成的氧化石墨烯薄膜因其具有有序的网络结构和独特的多功能性质而受到广泛关注。目前为止,对于石墨烯或氧化石墨烯自身及由氧化石墨烯组装而成的跨尺度材料的力学性质方面的研究非常有限。针对上述亟待解决的关键问题,本章提出了一种有效的单片多层氧化石墨烯拉伸力学性质的测试方法,评估了弹性模量、断裂强度和断裂应变等力学参数,同时结合有限元分析方法拟合出单片多层氧化石墨烯的拉伸力学参数,并采用分子动力学模拟方法模拟了其拉伸断裂失效机制。阐明了氧化石墨烯在单轴拉伸下的破坏机制和氧化作用,有助于量化氧化石墨烯基复合材料的机械性能,不仅可以对氧化石墨烯基复合材料的前期制备和后续应用中出现的破坏和失效行为提供一定的实验和理论指导,也可以对该类型的材料结构设计与实际应用奠定基础。

4.2　试样制备及原位拉伸测试

4.2.1　试样制备

为了实现单片多层氧化石墨烯的原位拉伸,我们设计了一种新颖的跨尺度结构,即将氧化石墨烯片通过化学方法接枝到碳纤维表面上(图 4-1(a)),这种跨尺度结构的优点是氧化石墨烯片可以悬空于碳纤维表面,进而为原位拉伸提供可能。这种化学接枝主要为通过聚酰胺-胺型(PAMAM,0 代)树枝状大分子实现氧化石墨烯与碳纤维的“桥接”。首先,通过退浆和氧化程序对碳纤维进行功能化处理;然后,在碳纤维表面覆盖一层较薄的 PAMAM 层;最后,通过自组装作用将氧化石墨烯与 PAMAM 接枝到碳纤维上。由于 PAMAM 带有的 4 个氨基可以与碳纤维表面和氧化石墨烯上的羧基发生反应,从而将氧化石墨烯片层牢固地黏附在碳纤维上。

4.2.2　原位拉伸测试

图 4-1(b)为典型的氧化石墨烯接枝碳纤维跨尺度结构拓扑形貌,可以看出,一部分氧化石墨烯片层通过自组装作用牢固地附着在碳纤维表面,而另一部分氧化石墨烯片层则由于其自身的弯曲刚度从碳纤维表面支出来。这种拓扑形貌主要包括两方面优势:(1)悬空的氧化石墨烯片层更容易实现拉伸加载;(2)微米尺度的碳纤维作为氧化石墨烯

片层的载体,便于实验操作。为了实现单轴拉伸加载,在光学显微镜下将含氧化石墨烯的碳纤维切割成长度约为 3 mm 的几段。如图 4-1(c)所示,将切割好的一段取出并固定在定制的金属支架上,这种支架兼容于我们常用的 SEM 和 TEM。

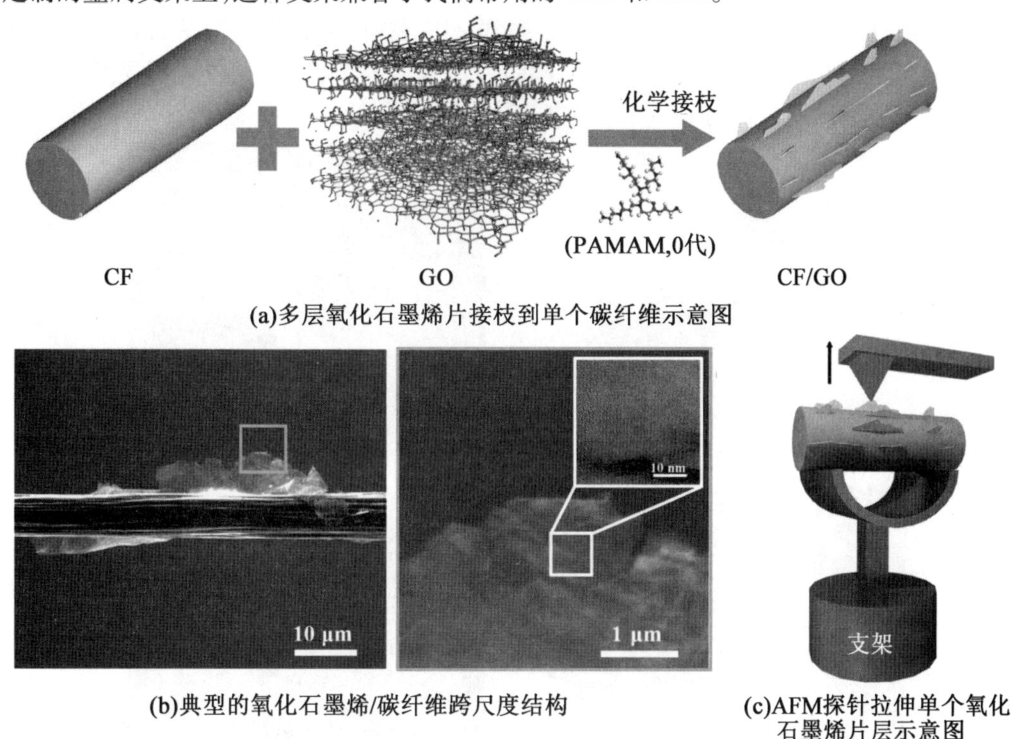

(a)多层氧化石墨烯片接枝到单个碳纤维示意图

(b)典型的氧化石墨烯/碳纤维跨尺度结构

(c)AFM探针拉伸单个氧化石墨烯片层示意图

图 4-1　氧化石墨烯接枝碳纤维

为了实现氧化石墨烯片的原位拉伸,我们使用了如下所述的力测量系统(FMS),该系统由带有传感器的原子力显微镜(AFM)探针(力的最大量程约为 360 μN,力测量分辨率约为 10 nN)、纳米操纵器(最小移动精度为 0.25 nm)以及力输出系统组成。将切割完成的样品和 FMS 放置于 SEM 腔室中,同时将 AFM 探针的梁(长约 120 μm)与碳纤维轴向平行放置,进而实现对氧化石墨烯片层垂直于碳纤维表面方向的加载。在与氧化石墨烯片层接触之前,需在 AFM 探针涂抹一层适用于在 SEM 内使用的专用胶水,这种胶水在低强度电子束条件下几乎不会固化,但在强电子束照射下可以迅速聚合。在强电子束作用下,将涂有胶水的 AFM 探针黏附到单个氧化石墨烯片层上并持续 20 s,以确保 AFM 探针与氧化石墨烯片层之间的牢固黏结。最后,使用纳米机械手将黏结在氧化石墨烯片层上的 AFM 探针沿垂直于碳纤维表面且背离表面方向移动,进而实现拉伸加载直到氧化石墨烯片层发生断裂。测量时的室温约为 20 ℃,在测试前,已对力测量系统进行校准。需要指出的是,在进行原位拉伸之前,将试样在 200 kV 的场发射电镜 TEM(JEOL 2200FS)中采用电子能量损失谱(EELS)中的厚度测绘方式测量氧化石墨烯片层的厚度。

如图 4-2(a)所示,我们使用了一种与扫描电子显微镜(SEM)和透射电子显微镜(TEM)兼容的特定支架来安装分层碳纤维(CF)/氧化石墨烯(GO)结构。首先,将 CF/GO 支架和力测量系统(FMS)标准校准悬臂固定在 SEM 所使用的工作台的适当位置上

(图 4-2(b)),从而进行力校准和拉伸测试。然后,将制备好的样品和纳米机械手安装到SEM 腔内(图 4-2(c))。图 4-2(d)显示了制备好的样品的扫描电镜图像,其中在靠近CF/GO 的支架上应用了一小块扫描电镜胶水。为了在氧化石墨烯纳米片和原子力显微镜(AFM)探针之间获得足够强的结合力,在拉伸测试之前,在 AFM 探针表面涂上了一层薄薄的 SEM 胶水(图 4-2(e))。最后,AFM 探针逐渐闭合到选定的氧化石墨烯纳米片上;同时,AFM 探针的悬臂与 CF 轴向保持平行(图 4-2(f))。

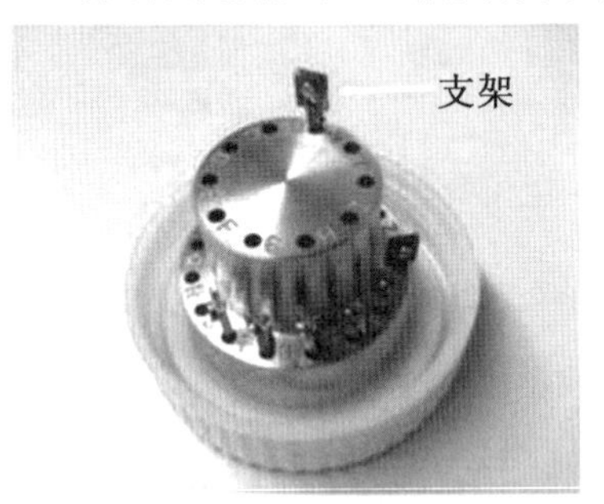

(a)准备好的支架

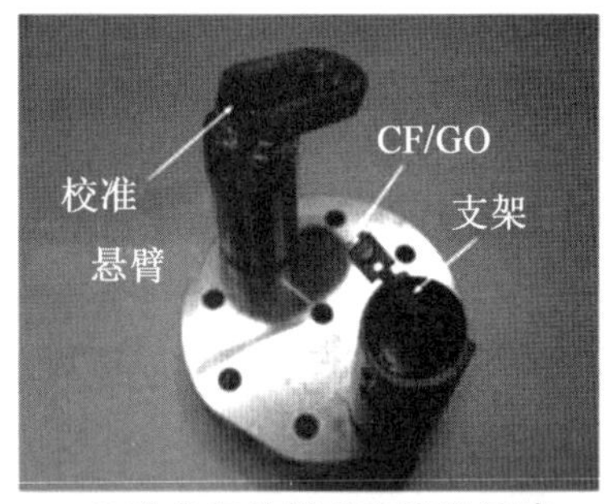

(b)准备好的样品和校准悬臂

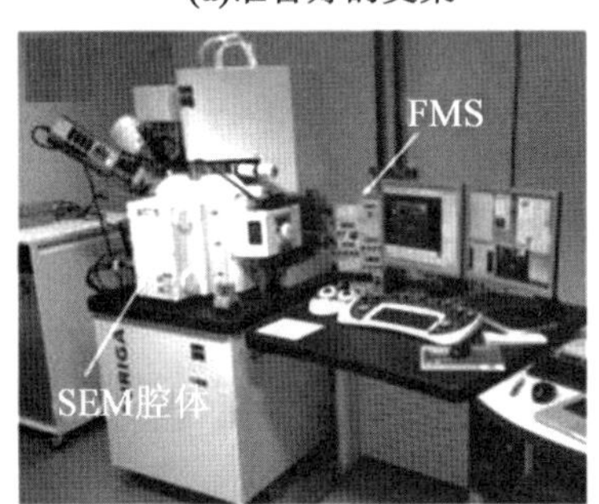

(c)一套包括SEM和FMS在内的现场测试仪器

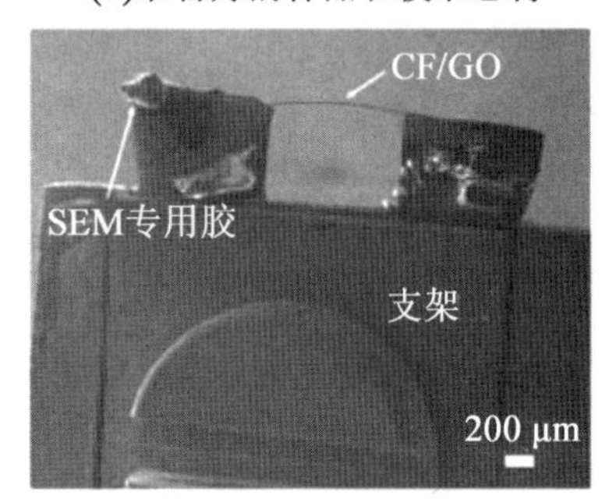

(d)将单个GO/CF结构固定在支架上的SEM图像

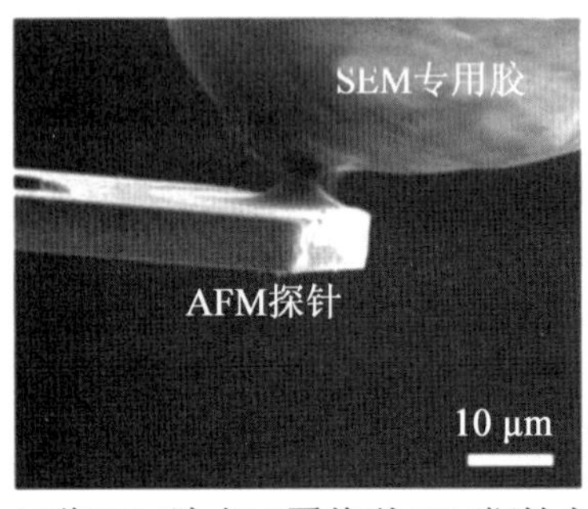

(e)将SEM胶水S3覆盖到AFM探针上

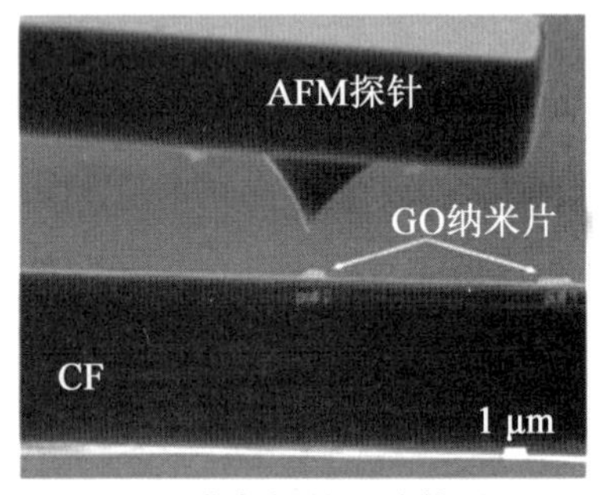

(f)准备好的测试装置

图 4-2 现场测试装置

4.3　拉伸力学性质的演化

4.3.1　拉伸应力-应变曲线

本节测试了标号为#1、#2、#3 的 3 片氧化石墨烯片层，拉伸断裂前后记录的典型拓扑形貌如图 4-3 所示。在整个拉伸过程中，氧化石墨烯片层首先被拉伸，当拉伸力达到某一临界值时，氧化石墨烯片层在靠近 AFM 探针的区域发生断裂，而不是在胶黏部分。

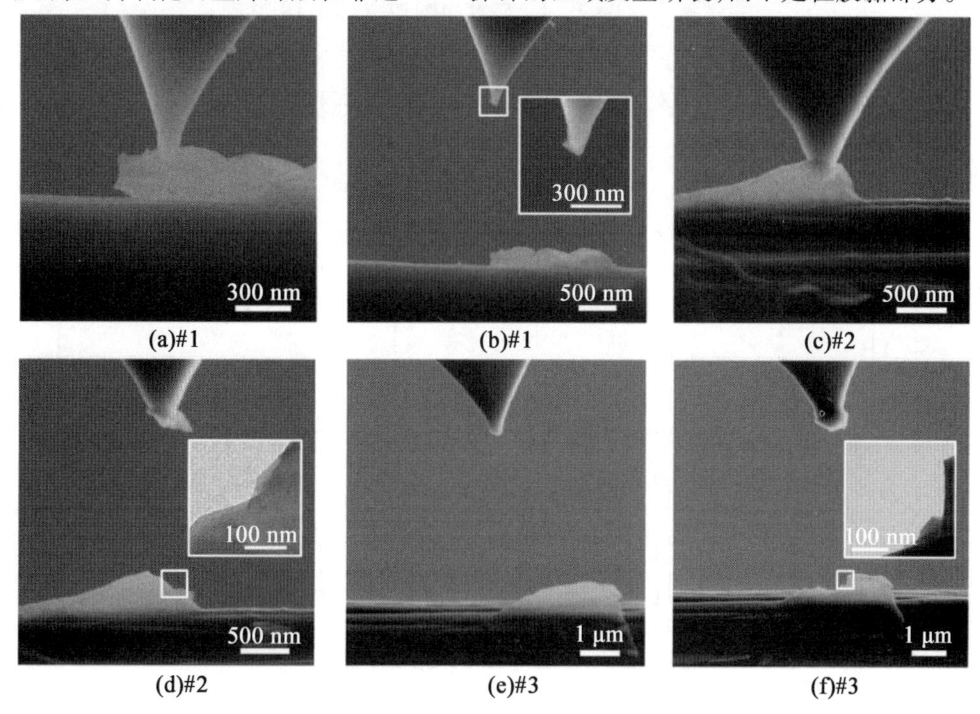

图 4-3　3 个氧化石墨烯试样加载前后 SEM 图(插图为相应局部断口的 TEM 图)

为了研究氧化石墨烯的力学性能，需要分析拉力 F 与位移 δ 的实测曲线。如图 4-6(a)所示，定义初始加载位置为 AFM 探针与氧化石墨烯片层接触线的中点 M，氧化石墨烯片层的有效高度 h_e 为 M 点到氧化石墨烯与碳纤维表面边界的垂直距离，δ 为氧化石墨烯片层在加载方向上的位移。力测量系统可以直接输出拉力 F 随时间的变化曲线(图 4-4)，利用整个拉伸过程录制的视频截图可以测量不同时间点对应的氧化石墨烯片的变形情况，结合拉力-时间曲线，可以用离散数据表征拉力-位移的关系(图 4-5)，通过对这些离散数据进行拟合，得到 F-δ 关系曲线(图 4-6(b))。

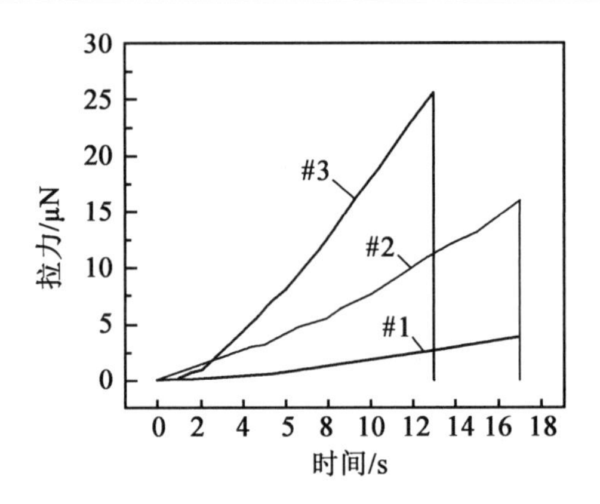

图 4-4　3 个测试样品的拉力-时间曲线

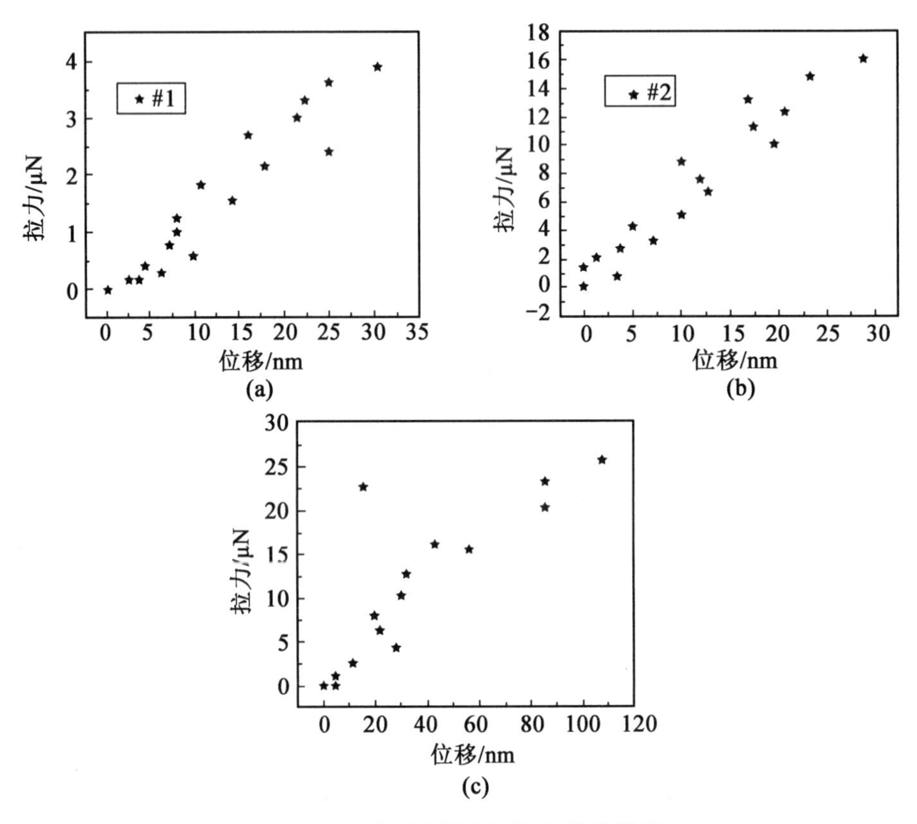

图 4-5　3 个测试样品的拉力-位移数据

为了获得氧化石墨烯片层的力学参数,需要得到氧化石墨烯片层的应力 σ 对应变 ε 曲线,应力和应变可近似计算如下:$\sigma = F/(w_e \times t_e)$ 和 $\varepsilon = \delta/h_e$。采用带有电子能量损失谱(EELS)的厚度映射法,在 200 kV 的场发射透射电镜(JEOL 2200FS)上表征氧化石墨烯薄片的局部厚度(t_e),并配备了柱内 ω 滤波器。使用幂律法对 EELS 进行背景扣除,采用对数比法得到氧化石墨烯薄片的近似厚度。收敛半角为 10 mrad,收集半角为 40 mrad。由于氧化石墨烯的起皱特性,很难获得准确的厚度值,因此,使用最小和最大挠度的近似平均值来评估其厚度。有效接触宽度 w_e 通过 SEM 图直接测量，因为超薄氧化石墨烯片层使我们可以直接观察片层背面的黏结区，这样可以直接得到 δ 和 h_e，经过计算得 σ 与 ε 的关系如图 4-6(c)所示。

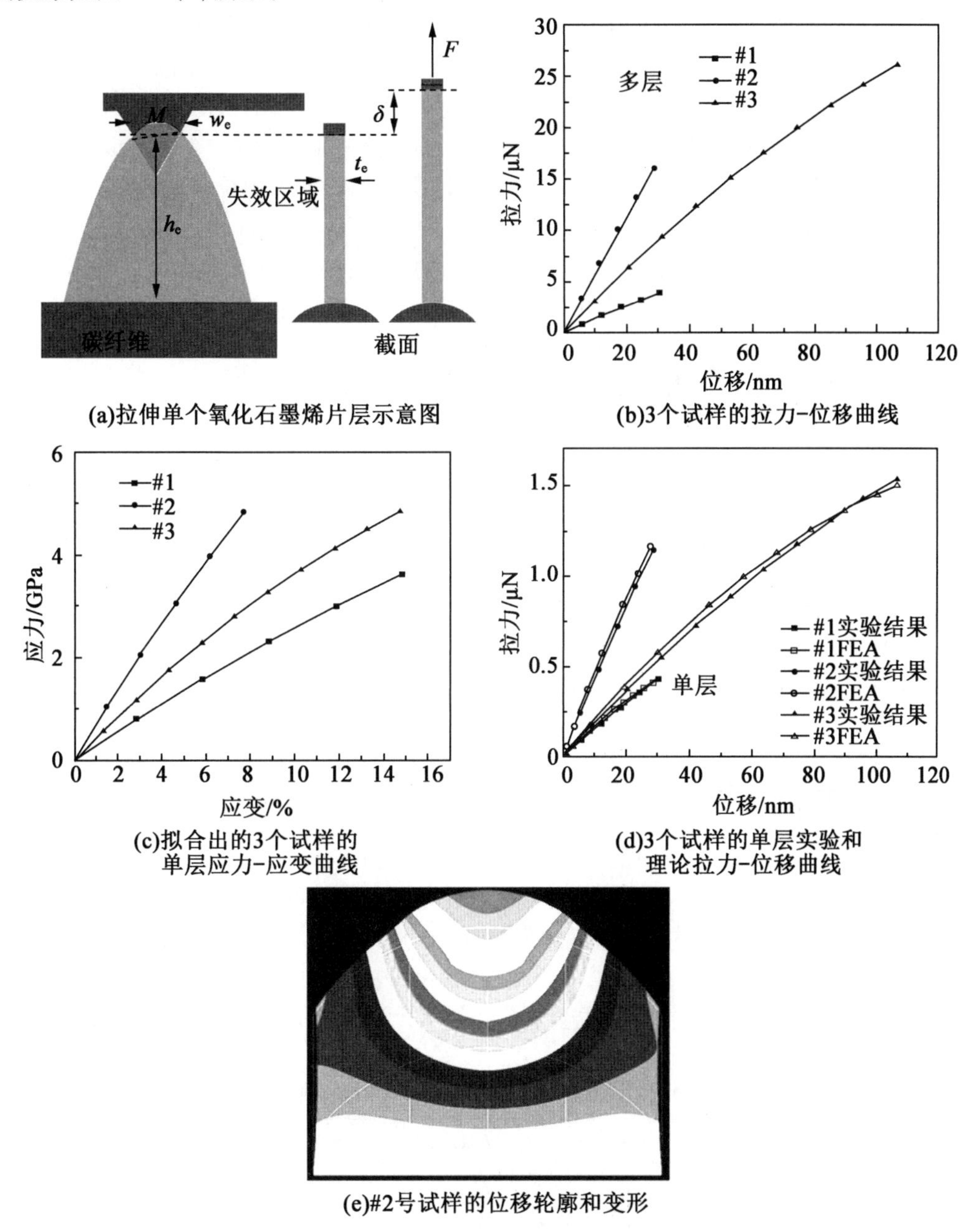

(a)拉伸单个氧化石墨烯片层示意图

(b)3个试样的拉力-位移曲线

(c)拟合出的3个试样的单层应力-应变曲线

(d)3个试样的单层实验和理论拉力-位移曲线

(e)#2号试样的位移轮廓和变形

图 4-6　拉伸示意图及拉伸结果

氧化石墨烯的拉伸力学行为如下：

$$\sigma = E\varepsilon + D\varepsilon^2 \tag{4-1}$$

式中，E、D 分别为材料的弹性模量和三阶模量。根据式(4-1)拟合 $\sigma-\varepsilon$ 曲线，直接得到 E

和 D。表 4-1 为氧化石墨烯片层的实验测试和计算力学参数,包括最大拉力 F_{max}、位移 δ_{max}、断裂应变 ε_f、强度 σ_f。使用 NASTRAN 进行有限元分析,采用 QUAD4 单元对样本进行网格划分。样品固定在底部边缘,并且在 AFM 探针接触区域向其施加均匀分布力。输入数据如下:实验计算得到的应力-应变关系,实验中测量的几何形状,以及泊松比 $\nu=0.16$。利用求解器 SOL400 进行几何和材料的非线性分析。值得注意的是,由于氧化石墨烯片层的形状并不规则,因此很难通过实验直接观察并获得其泊松比,但通过分子动力学模拟可以获得该参数范围在 0.15~0.20 之间。说明选取 0.16 进行有限元拟合是合理的。非线性有限元预测的 $F-\delta$ 曲线如图 4-6(d)所示,试样#2 的位移轮廓和变形如图 4-6(e)所示。结果表明,有限元计算得到的 $F-\delta$ 曲线与实验测试曲线吻合较好。需要注意的是,一方面,通过观察断口我们发现每个样品的各层均发生了断裂破坏,这说明每一层都受到原子力显微镜探针的束缚并承受加载作用,因此可假定所有层均固定在加载端。另一方面,由于 SEM 胶水本身的特性,没有观察到 SEM 胶水的流动,且断裂面远离氧化石墨烯片层的边缘,说明胶水对氧化石墨烯的断裂没有影响。

表 4-1 氧化石墨烯片层的实验测试和计算力学参数

编号	w_e /nm	h_e /nm	t_e /nm	δ_{max} /nm	F_{max} /nN	ε_f /%	σ_f /GPa	E /GPa	D /GPa
#1	170.9	204.5	6.3±1.5	30.4	3.9	14.9	3.8±0.8	33.7±8.1	-53.2±12.8
#2	353.7	371.6	9.4±1.7	28.7	16.1	7.7	5.0±0.9	77.2±13.9	-162.3±29.3
#3	442.4	723.4	12.2±2.2	106.7	25.7	14.7	4.9±0.8	50.8±9.1	-117.0±21.0

4.3.2 拉伸力学参数

从表 4-2 可以看出,本节中的弹性模量、断裂应变和强度均低于其他文献报道的单晶石墨烯和氧化石墨烯。氧化石墨烯力学性能的大幅度降低可能是由于引入了氧化基团(环氧基和羟基等),因此碳-碳共价键从强的 sp^2 杂化转化为弱的 sp^3 杂化。不同的氧化程度会导致 sp^2 和 sp^3 的比例不同,从而影响氧化石墨烯的力学性能。此外,单空位、Stone-Wales 位错、缝隙等结构缺陷也会显著降低氧化石墨烯的力学性能。

表 4-2 原始石墨烯和氧化石墨烯在不同力学测试技术下的弹性模量、断裂应变和强度

材料	技术/方法	E/GPa	ε_f/%	σ_f/GPa	参考文献
多层氧化石墨烯	原位拉伸	34~77	8~15	4~15	本实验
单层石墨烯	AFM 中的纳米压痕	1 000	25	130	[6]
化学还原石墨烯	AFM 探针诱导变形实验	250	—	—	[7]
单层氧化石墨烯	接触式 AFM 成像	207	—	—	[5]

值得注意的是,在本实验中使用的多层氧化石墨烯片层的形状是不规则的,力学性能

是通过一系列的有效宽度、高度和厚度的定义来获得的。众所周知,这种纳米尺度的测试非常困难,只有3个样品成功测试。尽管物理特性(包括有效宽度、高度和厚度)的变化高达50%,但所得结果表明氧化石墨烯片层的力学性能处于合理范围。然而,用3组数据来研究氧化石墨烯的力学性能和物理特性之间的关系是困难的。

4.4 氧化石墨烯拉伸的分子动力学模拟

4.4.1 ReaxFF 反应力场

本节采用 ReaxFF 反应力场来模拟氧化石墨烯的机械性能。ReaxFF 反应力场能够用于描述碳、氢和氧原子之间的相互作用,已被证明能够用于研究碳基材料的化学和机械行为。

ReaxFF 反应力场是由加州理工学院 Goddard 和 Van Duin 等人的团队开发的。ReaxFF 反应力场以键级为核心,键级是基于原子间距离经验计算的。模拟的基本单元为原子,反应事件通过原子间电势以键级的形式来描述。ReaxFF 反应力场全面考虑了键、键角、二面角、共轭角、氢键以及范德瓦耳斯和库仑相互作用,通过键级与键能,键级与键距之间的对应关系构建整个系统的能量计算系统,并且通过系统的不断迭代获得更新的成键和断键信息。

ReaxFF 反应力场的能量函数如下:

$$E_{total}=E_{bond}+E_{angle}+E_{tors}+E_{over}+E_{vdW}+E_{coul}+E_{specific} \tag{4-2}$$

式中,E_{bond} 为原子间成键的能量;E_{angle} 为三体价角应变能量;E_{tors} 为四体扭转应变能量;E_{over} 为过配位的能量矫正项。这4项描述了键合原子之间的短程相互作用。E_{vdW} 为范德瓦耳斯能量;E_{coul} 为库仑能量。这两项描述了远程相互作用。$E_{specific}$ 代表系统中特定的能量贡献项,体系不同特定项不同。

由于目前计算能力的限制,无法建立氧化石墨烯片层的全尺寸分子模型来研究其力学性能。在这里,采用由面内尺寸为 50 Å×50 Å 的氧化石墨烯片层组成的单元来研究其力学性能,面外尺寸由层数决定,每一层氧化石墨烯片都由特定数量的随机分布在单晶石墨烯的两个表面上环氧基和羟基组成,加载方向沿扶手椅和之字形方向。环氧基和羟基官能团平均且随机地分布在氧化石墨烯的两侧。在氧化石墨烯的平面内施加周期性边界条件,而在平面外自由模拟。在进行单轴拉伸加载之前,通过共轭梯度法对氧化石墨烯初始分子模型进行弛豫。氧化石墨烯在等温等压系综(恒定粒子数、恒定压力、恒定温度)下进行弛豫,在室温下充分弛豫 50 ps,温度设为 300 K,压力通过 Nosé-Hoover 恒压器调控,温度通过 Nosé-Hoover 恒温器调控,允许氧化石墨烯在零压力下能够自由收缩或膨胀。在所有模拟中,Velocity-Verlet 算法的时间步长为 0.25 fs。在拉伸加载过程中,以 0.000 1 ps^{-1} 的恒定应变速率拉伸氧化石墨烯,通过均匀缩放所有原子在拉伸方向上的坐标实现单轴拉伸。拉伸应力是通过对模拟系统中所有原子的应力求平均值获得,石墨烯片中单个原子的原子应力如下:

$$\sigma_{ij}^{\alpha}=\frac{1}{\Omega^{\alpha}}\left(\frac{1}{2}m^{\alpha}v_i^{\alpha}v_j^{\alpha}+\sum_{\beta=1,n}r_{\alpha\beta}^{j}f_{\alpha\beta}^{j}\right) \tag{4-3}$$

式中,α 和 β 为原子指数;m^{α} 和 v^{α} 为原子 α 的质量和速度;$r_{\alpha\beta}$ 为原子 α 和 β 之间的距离;

Ω^{α} 为原子 α 的体积。

通过计算应变 $\varepsilon=4\%$时应力-应变曲线线性区域的斜率,得到弹性模量。断裂强度定义为拉伸应力达到最大值时的应力,断裂应变定义为与断裂应力相对应的应变。

用于拉伸测试的氧化石墨烯是通过 Hummers 法制备的,测试表明有 10%的水分子存在于片间,氧化石墨烯层间距离约为 0.7 nm。由于水分子形成的氢键与氧化石墨烯片层的面内刚度和强度相比非常弱,因此在分子动力学模拟中忽略了水分子。在分子动力学模拟中,没有水分子的情况下,氧化石墨烯层间距离为 0.5~0.78 nm。因此,选择 0.7 nm 作为参考值来计算多层氧化石墨烯片层的拉伸应力,用来比较模拟结果与实验结果。

4.4.2 单层氧化石墨烯拉伸断裂分析

我们首先研究了氧化程度对氧化石墨烯力学性能的影响,如图 4-7 所示。通过对羟基和环氧基比例为 4:1的氧化石墨烯片层沿扶手椅方向和之字形方向的拉伸进行计算,发现随着氧化程度从 10%提升到 60%,弹性模量单调下降(图 4-7(a))。在相同范围内,断裂应变与氧化程度无关(图 4-7(b)),而计算平均值(扶手椅 12.9%,之字形 11.2%)低于单晶石墨烯的计算值(扶手椅 17%,之字形 27%)。这说明低氧化程度(<10%)会导致断裂应变的急剧下降。随着氧化程度的增加,材料的断裂强度从 10%下降到 40%,然而,其对较高的氧化程度(>40%)并不敏感。对于氧化程度为 60%的材料体系,实验断裂应变(8%~15%)与计算断裂应变(10%~13%)基本一致。但实验弹性模量(34~77 GPa)比计算值(78~103 GPa)低 2~3 倍;实验的断裂强度(4~5 GPa)比计算值(23-25 GPa)低 5 倍左右。在分子动力学模拟中,我们只考虑了强 sp^2 键向弱 sp^3 键转化对氧化石墨烯力学性能的影响,但实际的氧化过程会断裂原有的碳六环结构,潜在的结构缺陷会导致强度的进一步下降。这是计算得到的弹性模量和断裂强度均高于实验结果的主要原因。图 4-8 所示为氧化石墨烯结构缺陷对力学性能的影响。对于单层氧化石墨烯,氧化程度为 60%,羟基和环氧基比例为 4:1,与实验结果保持一致。空位缺陷为 10%,沿扶手椅方向进行加载。计算结果表明,断裂强度和弹性模量分别为 14 GPa 和 65 GPa,与无缺陷的氧化石墨烯相比分别下降了 44%和 17%。

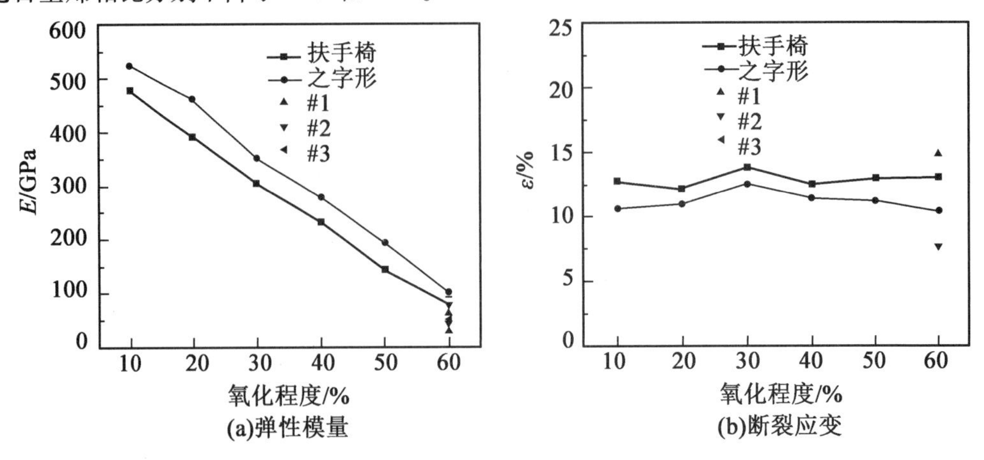

图 4-7 氧化程度为 10%~60%时氧化石墨烯的实验和计算力学参数

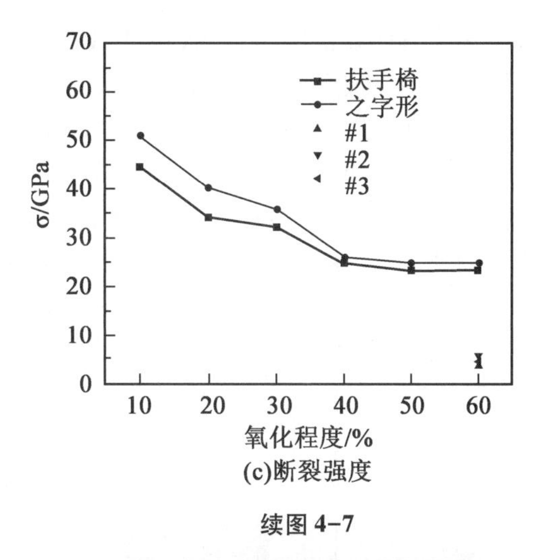

(c)断裂强度

续图 4-7

图 4-8　空位缺陷为 10%的单层氧化石墨烯

图 4-9 所示为羟基和环氧基的比例对单层氧化石墨烯片力学性能的影响,该模型的氧化程度为 10%。随着羟基和环氧基比例的增加,弹性模量和断裂强度均缓慢下降。然而,断裂应变对羟基和环氧基的比例不敏感。为了理解图 4-9(a)和图 4-9(c)所示的规律以及氧化石墨烯的破坏过程,研究了具有相同氧化程度(10%)和羟基与环氧基比例 3∶1的单层氧化石墨烯片沿扶手椅方向和之字形方向的拉伸行为(图 4-10)。图 4-10(a)为沿扶手椅和之字形方向两种典型的氧化石墨烯结构,其中化学键根据类型和位置进行分类和标记。在扶手椅方向上,环氧基中涉及的 sp^3 键分别记录为 A1 和 A2。羟基中的 sp^3 键为 A3,碳六环中的 sp^2 键为 A4。在之字形方向上,环氧基中所涉及的 sp^3 键分别标记为 Z1 和 Z2。羟基中的 sp^3 键为 Z3,碳六环中的 sp^2 键为 Z4。沿扶手椅拉伸方向(图 4-10(b)~(g)),在整体应变为 7.60%时,平行于加载方向的三角形的一些预应力碳键 A1 开始断裂,形成了以氧原子为连接体的对称双七边基元,如图 4-10(c)插图所示。当连续拉伸至 14.28%时,断裂键转移到 A2(图 4-10(d)插图)。当应变达到 14.76%时,由于局部结构破坏,在靠近 A1 和 A2 键的 sp^2 键处进一步发生断裂(图 4-10(e))。之后,分离出的与羟基相关的 sp^3 键发生断键,此时应变为 17.32%(图 4-10(f)插图)。最后,当应变为 17.44%时,连续的拉伸导致严重的局部断裂并扩展至完全断裂(图 4-10(g))。

然而，当沿之字形方向拉伸时，观察到明显的断裂行为（图 4-10(h)～(m)）。起初，在应变为 7.28%时，发现环氧基团中 Z1 键发生了类似的断键现象（图 4-10(i)插图）。而垂直于加载方向的 Z2 始终未断裂（图 4-10(j)插图）。随着应变的增加，Z4 键也未断裂（图 4-10(k)）。直到应变增加到 12.84%，Z3 键开始断裂（图 4-10(l)插图），导致氧化石墨烯片层在应变为 13.44%时完全断裂（图 4-10(m)）。从上述拉伸破坏过程的模拟可知，氧化石墨烯的完全断裂是由羟基形成的 sp^3 键导致的，这可以合理地阐明图 4-9(a)和(c)所示的规律。另外，在图 4-10(g)和图 4-10(m)所示的断裂面上发现了一系列由碳、氢和氧原子组成的单原子链，这与在单晶石墨烯中观察到的碳原子链有所不同。

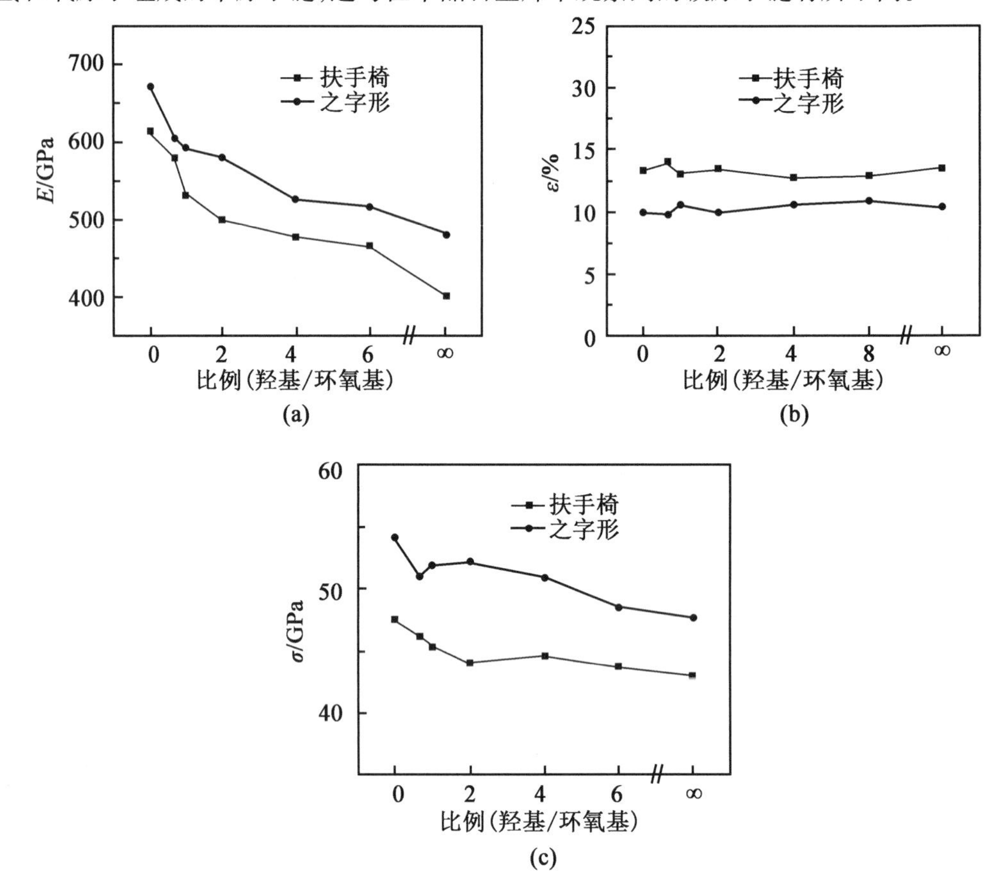

图 4-9　弹性模量、断裂应变和断裂应力在氧化程度为 10%以及羟基和环氧基不同比例时，沿扶手椅和之字形方向的单层氧化石墨烯片强度（"0"和"∞"分别表示完全覆盖环氧基和完全覆盖羟基的情况）

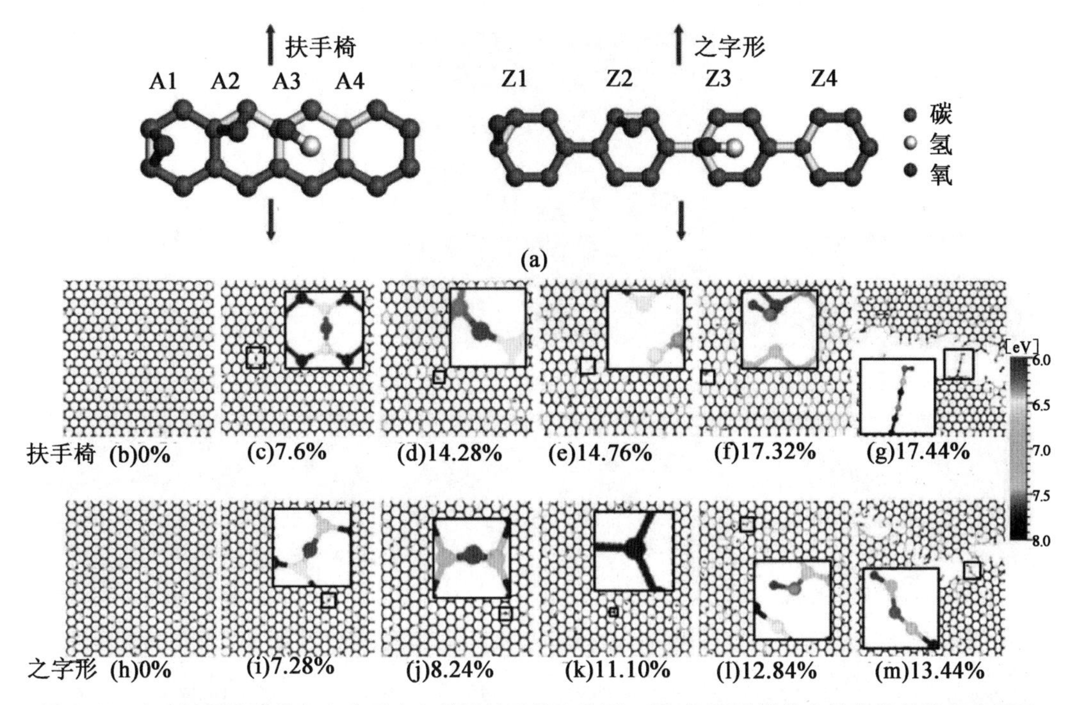

图 4-10　(a)根据扶手椅和之字形方向的键的形状和位置，对氧化石墨烯片中的各种键进行分类示意图；(b)~(m)分别为沿扶手椅和之字形方向的整个变形过程中，单层氧化石墨烯结构演化示意图

4.4.3　多层氧化石墨烯拉伸断裂分析

图 4-11(a)和图 4-11(b)分别为单片多层氧化石墨烯 TEM 图和分子模型图。图 4-11(c)分别是氧化程度为 40%、羟基和环氧基比例为 2∶1时，5 层氧化石墨烯片层沿扶手椅和之字形方向上计算的应力-应变曲线，同时图 4-11(d)和图 4-11(e)给出了相应的氧化石墨烯片层不同拉伸应变下结构的图谱形貌。氧化石墨烯片上的每一层都从上到下按顺序编号。在平衡态下，由于含氧官能团的引入，因此碳六环会产生局部变形，进而导致氧化石墨烯表面的褶皱形貌。轻微拉伸会导致氧化石墨烯片的褶皱消失。我们发现无论是沿扶手椅还是之字形加载方向，断裂都最先发生在最外层的其中一层。例如，如图 4-7(d)所示，沿扶手椅方向拉伸应变达到 8.54%时，仅导致第 5 层发生断裂，进一步拉伸至 8.64%、8.96%和 9.08%的临界应变下，导致第 4、第 3 和第 2 层分别发生连续断裂，当应变达到 9.14%时第一层发生断裂。类似地，在如图 6-4(e)所示的之字形方向的情况下，第 5 层在应变为 9.12%时发生了最初断裂，第 4 层至第 1 层的断裂发生在应变分别为 12.56%、12.74%、12.92%和 13.61%时。氧化石墨烯片从第一层到最后一层的整个断裂过程都在很小的伸长率内完成：扶手椅方向为 8.54%~9.08%，之字形方向为 9.12%~13.61%。这种断裂方式可能源于内层结构较外层结构更稳定，因为内层具有相对较强的范德瓦耳斯和氢键的双面协同作用。实际上，这种断裂过程是极其复杂的，我们将在今后的工作中进行进一步探讨。

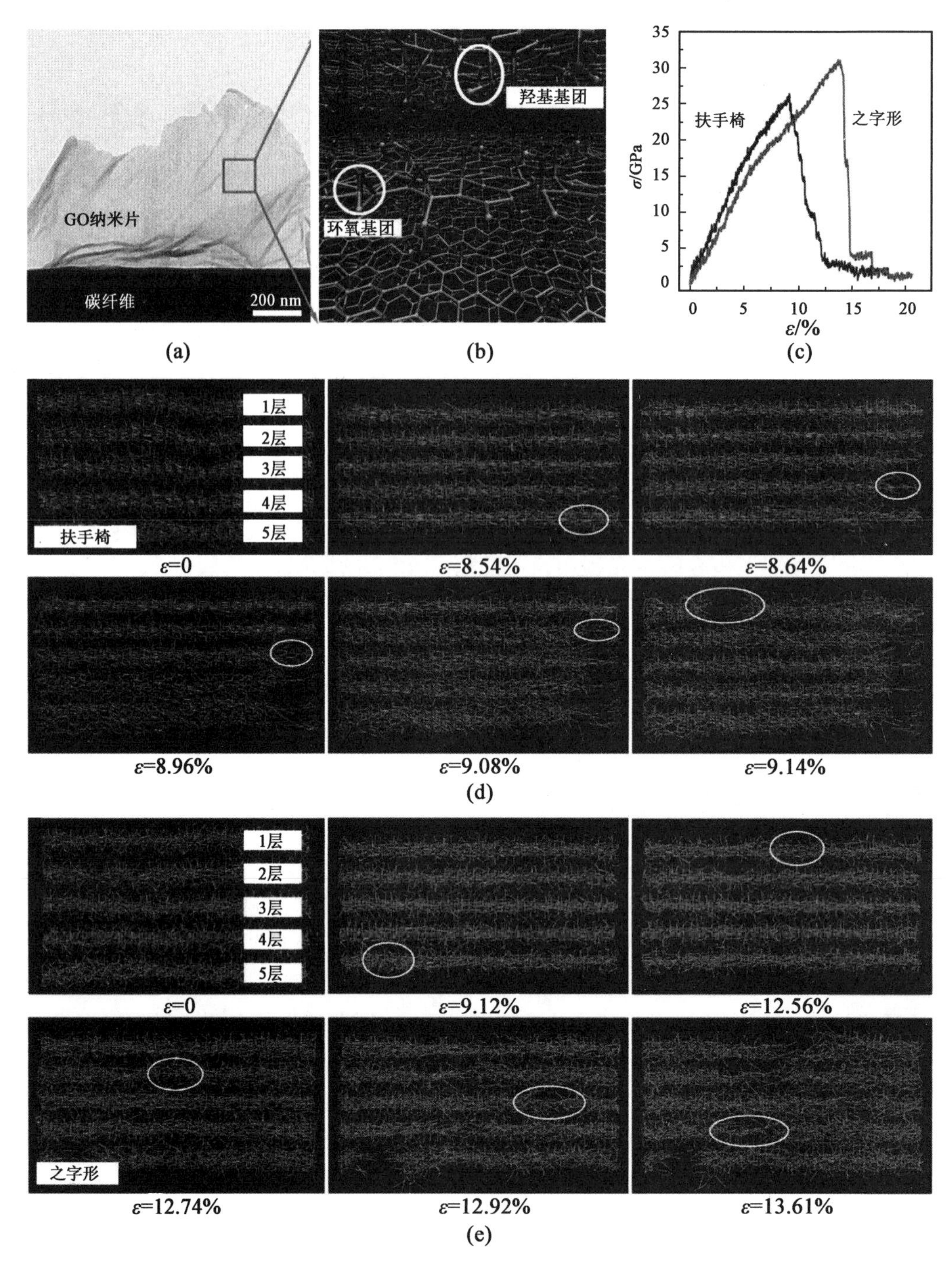

图 4-11　(a)在碳纤维表面接枝的单片多层氧化石墨烯 TEM 图;(b)5 层氧化石墨烯片层分子模型的透视侧面图;(c)基于分子动力学模拟的沿扶手椅和之字形方向的拉应力-应变曲线,(d)、(e)分别沿扶手椅方向和之字形方向的 5 层氧化石墨烯片层的拉伸过程示意图

通过分子动力学模拟,研究了多层氧化石墨烯片层的泊松比效应。结果表明:沿面外方向上不存在泊松比效应，且与氧化石墨烯层数无关，但在垂直于加载方向上存在泊松比效应。模拟结果表明，泊松比在 0.15~0.20 之间，与文献报道值相当(0.16)。

本章参考文献

[1] WANG C, PENG Q Y, WU J Y, et al. Mechanical characteristics of individual multi-layer graphene-oxide sheets under direct tensile loading[J]. Carbon, 2014, 80:279-289.

[2] LI Y B, PENG Q Y, HE X D, et al. Synthesis and characterization of a new hierarchical reinforcement by chemically grafting graphene oxide onto carbon fibers[J]. Journal of Materials Chemistry, 2012, 22(36):18748-18752.

[3] PENG Q Y, HE X D, LI Y B, et al. Chemically and uniformly grafting carbon nanotubes onto carbon fibers by poly(amidoamine) for enhancing interfacial strength in carbon fiber composites[J]. Journal of Materials Chemistry, 2012, 22(13):5928-5931.

[4] HE X D, WANG C, TONG L Y, et al. Direct measurement of grafting strength between an individual carbon nanotube and a carbon fiber[J]. Carbon, 2012, 50(10):3782-3788.

[5] SUK J W, PINER R D, AN J H, et al. Mechanical properties of mono layer graphene oxide[J]. Acs Nano, 2010, 4(11):6557-6564.

[6] LEE C, WEI X D, KYSAR J W, et al. Measurement of the elastic properties and intrinsic strength of monolayer graphene[J]. Science, 2008, 321(5887):385-388.

[7] GOMEZ-NAVARRO C, BURGHARD M, KERN K. Elastic properties of chemically derived single graphene sheets[J]. Nano Letters, 2008, 8(7):2045-2049.

[8] COMPTON O C, CRANFORD S W, PUTZ K W, et al. Tuning the mechanical properties of graphene oxide paper and its associated polymer nanocomposites by controlling cooperative intersheet hydrogen bonding[J]. Acs Nano, 2012, 6(3):2008-2019.

[9] CHENOWETH K, VAN DUIN A C T, GODDARD W A. ReaxFF reactive force field for molecular dynamics simulations of hydrocarbon oxidation[J]. Journal of Physical Chemistry A, 2008, 112(5):1040-1053.

[10] MEDHEKAR N V, RAMASUBRAMANIAM A, RUOFF R S, et al. Hydrogen bond networks in graphene oxide composite paper:Structure and mechanical properties[J]. Acs Nano, 2010, 4(4):2300-2306.

[11] VAN DUIN A C T, DASGUPTA S, LORANT F, et al. ReaxFF:A reactive force field for hydrocarbons[J]. Journal of Physical Chemistry A, 2001, 105(41):9396-9409.

[12] MORTIER W J, GHOSH S K, SHANKAR S. Electronegativity-equalization method for the calculation of atomic charges in molecules[J]. Journal of the American Chemical Society, 1986, 108(15):4315-4320.

[13] PEI Q X, ZHANG Y W, SHENOY V B. A molecular dynamics study of the mechani-

cal properties of hydrogen functionalized graphene[J]. Carbon, 2010, 48(3):898-904.

[14] LIU L Z, WANG L, GAO J F, et al. Amorphous structural models for graphene oxides [J]. Carbon, 2012, 50(4):1690-1698.

[15] PEI Q X, ZHANG Y W, SHENOY V B. Mechanical properties of methyl functionalized graphene: A molecular dynamics study[J]. Nanotechnology, 2010, 21(11): 115709.

[16] YANG L, TONG L Y, HE X D. MD simulation of carbon nanotube pullout behavior and its use in determining mode Ⅰ delamination toughness[J]. Computational Materials Science, 2012, 55:356-364.

[17] BUCHSTEINER A, LERF A, PIEPER J. Water dynamics in graphite oxide investigated with neutron scattering[J]. Journal of Physical Chemistry B, 2006, 110(45): 22328-22338.

[18] PEI Q, ZHANG Y, SHENOY V. A molecular dynamics study of the mechanical properties of hydrogen functionalized graphene[J]. Carbon, 2010, 48(3):898-904.

[19] WANG Y, LIN Z Z, ZHANG W X, et al. Pulling long linear atomic chains from graphene: Molecular dynamics simulations[J]. Physical Review B, 2009, 80(23): 233403.

第5章　硒纳米片各向异性力学

5.1　概　　述

最近,三方相硒(t-Se)逐渐成为一种非常有前景的半导体材料。特别之处在于,它是由平行的一维 Se 原子链自组装结晶而成的超薄二维纳米片(NS),如图 5-1(a)所示,其中 Se 原子沿其长链方向(*c* 轴)共价键合,原子链沿垂直于链轴的方向(*a*/*b* 轴)通过范德瓦耳斯力相互作用连接。这与通常具有层状结构的典型二维纳米材料形成鲜明的对比,这些材料中层内的原子通过共价键结合从而具有不同的手性特征,层与层之间通过相对较弱的面外范德瓦耳斯力堆叠在一起。这种独特的二维晶体结构不仅丰富了二维纳米材料家族,还赋予了其非凡的多功能特性,包括非线性光学响应以及光电、压电和热电转化性能等。

通常,材料的各向异性结构在其实际应用中起着至关重要的作用,二维材料也不例外。例如,二维黑磷(BP)材料的面内各向异性结构能够使其具有各种拉曼响应,体现在沿不同方向的热和电特性变化,极大地扩展了其应用。这种各向异性结构可以在超薄 BP 中通过 A_g^1、B_{2g} 和 A_g^2 模式沿不同应变方向的拉曼位移率之间的差异来证明,其中 B_{2g} 模式的最大拉曼位移率可以达到大约-11 $cm^{-1}/\%$。尽管已经使用原子力显微镜(AFM)压痕、原位扫描电子显微镜(SEM)和透射电子显微镜(TEM)张力等一系列先进的纳米力学测试技术对二维材料的面内机械性能进行了深入研究,但关于各向异性结构相关的机械各向异性的报道非常有限。因此,系统地研究二维材料中的机械各向异性效应非常重要。

在本章中,首先使用简单的弯曲装置结合拉曼光谱研究了二维 t-Se 纳米片沿着 *c* 轴和 *a*/*b* 轴的单轴拉伸应变下的结构各向异性(图 5-1(a))。此外,使用原位 SEM 纳米力学测试平台结合分子动力学(MD)模拟和密度泛函理论(DFT)计算了二维 t-Se 纳米片沿这两个不同方向的拉伸力学性能和断裂行为。这些可以深入了解二维材料中结构相关的机械各向异性的作用,为其在实际应用中利用此类效应铺平道路。

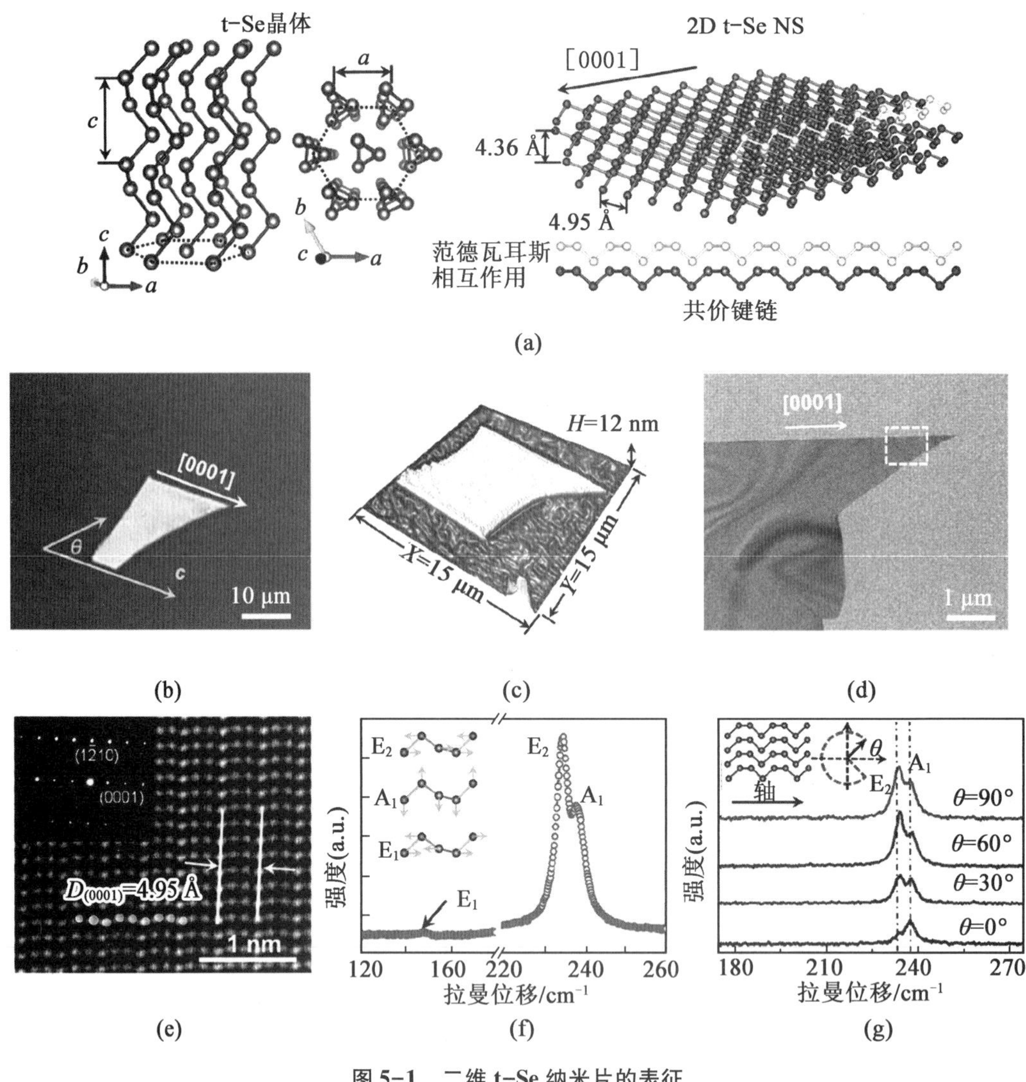

图 5-1　二维 t-Se 纳米片的表征

5.2　硒纳米片制备及结构表征

二维 t-Se 纳米片是使用简单的物理气相沉积(PVD)方法获得的。t-Se 纳米片的生长过程如图 5-2 所示。高纯硒粉(Sigma-Aldrich, 99.99%)放置在双面开孔小石英管的中心(直径 8 mm),首先用缓冲液氧化蚀刻(BOE)溶液去除 Si(111)衬底的 SiO_2 层,然后用蒸馏水清洗。Si 衬底放置在石英管的末端,温度保持为 100 ℃。最后,将小石英管插入一个较大的管子中心进行加热,在生长过程中,管子压力保持在小于 10 mbar 的真空下。整个反应在 210 ℃的温度下进行 60 min。生长过程完成后,Si(111)衬底会镀上一层多晶 t-Se 薄膜。一些硒纳米片突出于薄膜表面并表现出典型的取向增长模式,其带状形态如图 5-2(b)所示。使用原子力显微镜(AFM)确定样品的厚度,如图 5-3 所示,硒纳米片表现出多种不同的颜色,具体取决于光学显微镜(OM)图像中的厚度。随着厚度的增加,颜色对比从蓝色变为金色。另外,当厚度大于 65 nm 时,由于其平面内平行组装,可以观察到清晰的条带超窄纳米线。薄的 t-Se 纳米片呈浅蓝色,呈不规则梯形,横向尺寸可达 30 μm,最小厚度为 12 nm(图 5-1(b)、(c))。进一步采用高角度环形暗场扫描透射电子显微镜(HAADF-STEM)以研究 t-Se 纳米片的晶体取向(图 5-1(d)、(e)),从图 5-1(e)中可以清楚地识别螺旋 Se 原子链并将其标记为亮白色球。测得的晶格间距为 0.485 nm,对应于(0001)平面,这与理论计算非常吻合。将低倍 TEM 与选区电子衍射(SAED)图案(图 5-1(e)中的插图)相结合,我们可以确定 t-Se 纳米片倾向于向与[0001]方向平行的直边结晶。

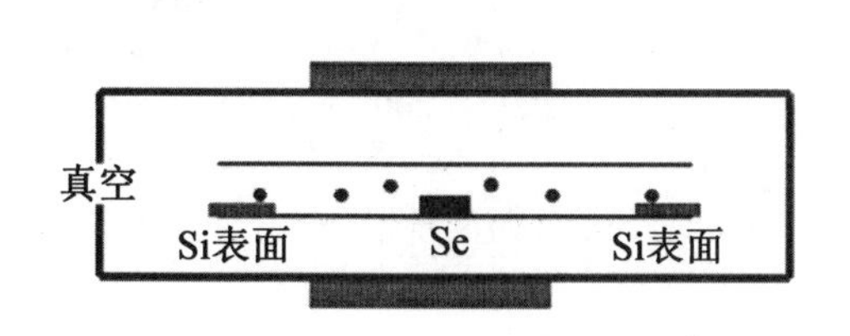

(a)t-Se纳米片的生长示意图

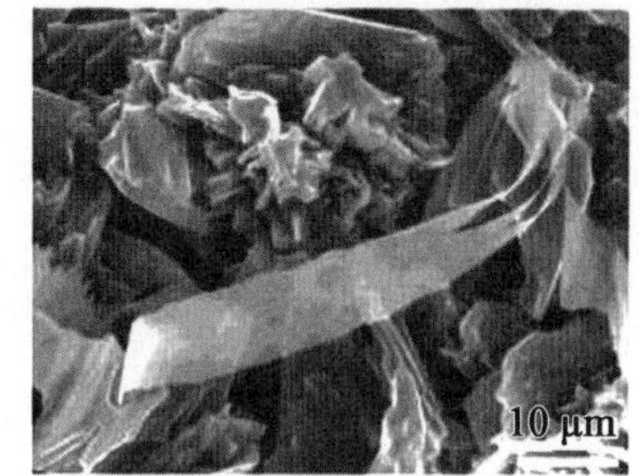

(b)在Si(111)衬底上生长的t-Se纳米片的SEM图像

图 5-2　t-Se 纳米片的生长过程

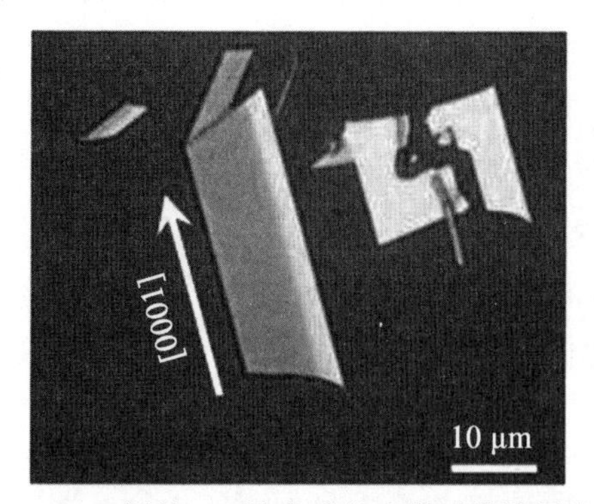

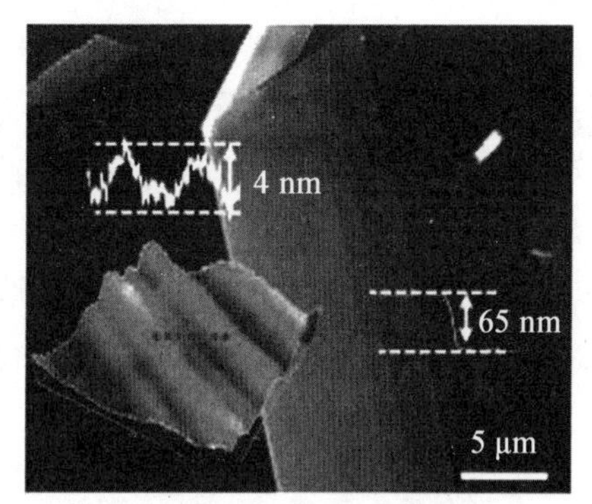

(a)65 nm厚的t-Se纳米片的光学显微镜图像　(b)相应的AFM高度剖面图

图 5-3　t-Se 纳米片的形貌特征和有效厚度测量(插图显示出放大的 3D 视图图像)

进一步采用常规和偏振拉曼光谱探索 t-Se 纳米片的结构各向异性。然而,值得注意的是,由于 t-Se 纳米片对激光照射非常敏感,并且由于只有 232 ℃的低熔点,它可以快速降解或变成非晶态。为了解决这个问题并获得可靠的拉曼信号,引入了具有高导热性的单层六方氮化硼(hBN)来制造新型 hBN/t-Se/hBN 夹层结构。如图 5-4 所示,PET 基底上空白的 t-Se 纳米片在一次性测量过后,很容易被拉曼激光照射后损坏,在 t-Se 纳米片表面留下烧孔(图 5-4(a),插图显示为测量一次后带有烧孔的 t-Se 纳米片)。所以进一步引入了单层 hBN 薄膜来保护样品,制造了 hBN/t-Se/hBN 夹层结构(图 5-4(b)、(c))。在覆盖了 hBN 薄膜后,t-Se 纳米片的拉曼峰几乎没有下降,即使在相同条件下进行 10 次测量后也是如此(图 5-4(d))。此外,还发现这种夹层结构中拉曼峰的强度相较空白的 t-Se 纳米片可以提高 5 倍。

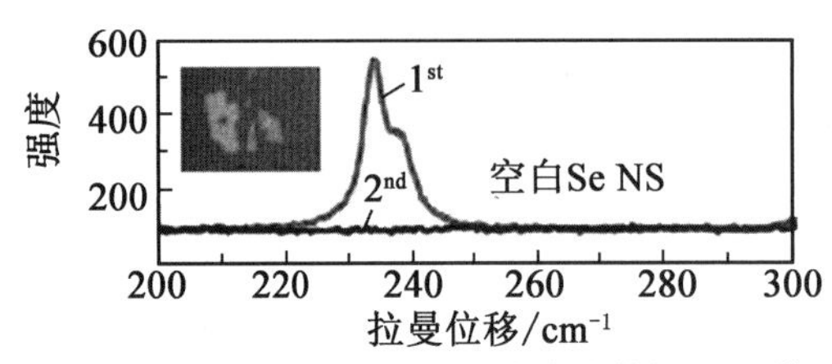

(a)PET衬底上空白硒纳米片的拉曼光谱

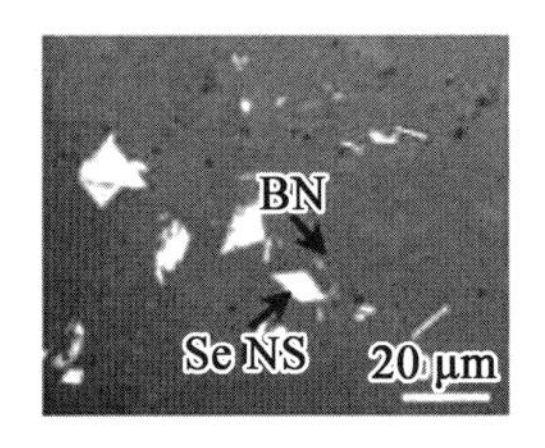

(b)单层hBN膜覆盖的t-Se纳米片的光学图像

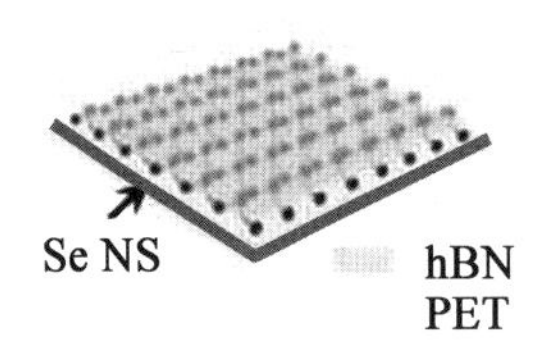

(c)hBN/t-Se/hBN夹层结构示意图

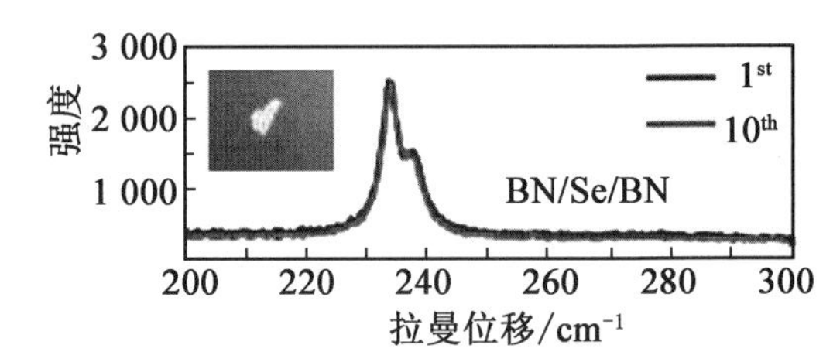

(d)在相同的光照能量强度下,一次和10次测量后hBN/t-Se/hBN夹层结构的拉曼光谱

图 5-4　t-Se 纳米片的拉曼光谱表征

由于 t-Se 纳米片具有晶体完整性,因此其可以在拉曼激光照射后得到很好的保存,热量可以通过 hBN 层进行有效的消散。图 5-1(f)显示了 t-Se 纳米片在 120~260 cm^{-1} 范围内的典型拉曼光谱,其中可以检测到 3 种活性拉曼振动模式。位于 233 cm^{-1} 处的最强峰属于 E_2 模式,这是由原子沿 c 轴的不对称拉伸引起的。237 cm^{-1} 处的 A_1 模式是由链膨胀引入的,其中 Se 原子沿面内方向移动。需要注意的是,位于 145 cm^{-1} 处的 E_1 模式极难被探测到,因此我们在下面的讨论中主要关注 A_1 和 E_2 模式。还进行了角分辨偏振拉曼光谱测试,以确定 t-Se 纳米片的晶体取向和各向异性晶体结构。如图 5-1(g)所示,A_1 和 E_2 模式都表现出对偏振角度 θ 的高度依赖性。此处,θ 定义为 t-Se 纳米片的 c 轴和入射光子偏振之间的夹角。拉曼强度信号可以反映出结构的各向异性。为了揭示 t-Se 纳米片的各向异性结构,具有 hBN/t-Se/hBN 夹层结构的样品安装在旋转台上,在测量过程中从 0°调整到 360°,以便可以检测到沿不同的方向 t-Se 纳米片的拉曼响应。首先将 t-Se 纳米片放置在与 c 轴平行的入射光子偏振方向,并且此设置中的角度 θ 为定义为 0°。对于材料系统,拉曼位移峰值在 233 cm^{-1} 处被标记为 E_2 模式,并且它涉及原子沿着准一维链的不对称拉伸振动。峰值为 237 cm^{-1} 处来源于 Se 原子沿面内移动的链扩展方向(A_1 模式)。给定拉曼模式的强度与拉曼张量和散射几何相关,依据下述方程是呈正比关系:

$$I=|\boldsymbol{e}_i \times \boldsymbol{R} \times \boldsymbol{e}_s|^2 \tag{5-1}$$

式中,$\boldsymbol{e}_i$ 为入射激光偏振的单位矢量;$\boldsymbol{e}_s$ 为散射声子极化矢量;$\boldsymbol{R}$ 为特定振动模式的拉曼张量。在这里,定义入射激光偏振与 t-Se 纳米片晶格的 c 轴之间的角度为 θ。根据拉曼张量的广义形式,E_2 和 A_1 拉曼振动模式的强度与 θ 密切相关,当 $\boldsymbol{e}_s$ 平行于晶格振动方向时达到局部最大值。对于 E_2 不对称拉伸模式,其拉曼矢量是三维的。然而,A_1 模式的拉曼矢量是二维的,可以写成:

$$\boldsymbol{R}_{\mathrm{E}_2}=\begin{bmatrix} A & & \\ & B & \\ & & C \end{bmatrix} \tag{5-2}$$

$$\boldsymbol{R}_{\mathrm{A}_1}=\begin{bmatrix} & E \\ E & \end{bmatrix} \tag{5-3}$$

在实验设置中，$\boldsymbol{e}_{\mathrm{i}}$ 是与 $\boldsymbol{e}_{\mathrm{s}}$ 平行的，因此它们之间的关系可以定义为 $\boldsymbol{e}_{\mathrm{i}}=\boldsymbol{e}_{\mathrm{s}}^{\mathrm{T}}=(\cos\theta,\theta,\sin\theta)$。将此式代入方程(5-1)，即可得到如下方程式：

$$I_{\mathrm{E}_2}=(A\cos^2\theta+C\sin^2\theta)^2 \tag{5-4}$$

$$I_{\mathrm{A}_1}=E^2\sin^2 2\theta \tag{5-5}$$

因此依据以上方程，从拉曼光谱曲线上提取的不同振动模式的峰值强度值可以用洛伦兹函数拟合并绘制成极坐标图。如图 5-5 所示，基于计算得到的拟合曲线与实验数据吻合较好。E_2 模式有 4 个分支，最大值和最小值分别位于 45°和 90°。A_1 模式呈双叶形，最大值在大约 90°的角度，与垂直于硒纳米片直边的方向重合。因此，可以确认 t-Se 纳米片沿着 c 轴以直边结晶生长。

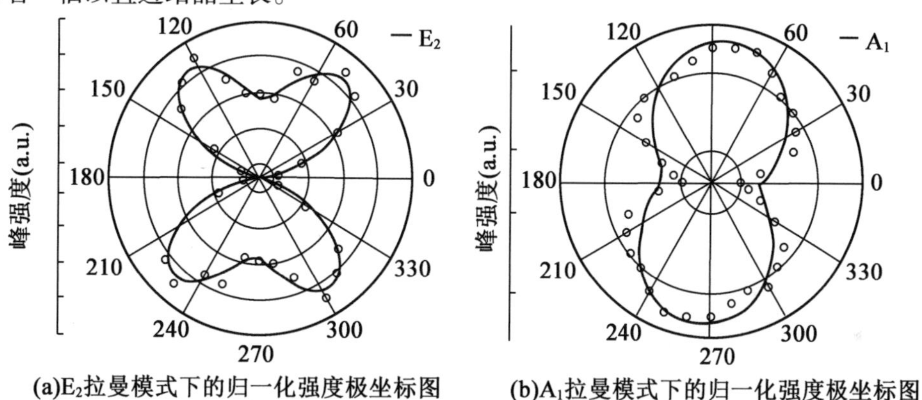

(a)E_2拉曼模式下的归一化强度极坐标图　(b)A_1拉曼模式下的归一化强度极坐标图

图 5-5　极坐标图中 t-Se 纳米片的角度相关拉曼光谱

5.3　硒纳米片拉伸加载下的拉曼响应

为了揭示 t-Se 纳米片在拉伸变形下的各向异性结构演变，我们构建了一个四点弯曲仪器，样品位于顶表面上承受拉伸张力，以研究 t-Se 纳米片在单轴拉伸应变下的方向相关性拉曼响应(图 5-6(a)、(b))。该技术已成功应用于研究各种二维材料在拉伸应变下的拉曼响应。通过使用聚甲基丙烯酸甲酯(PMMA)辅助湿法转移技术，单层 hBN 薄膜首先被转移到 1 mm 的聚对苯二甲酸乙二醇酯(PET)基板上。在光学显微镜下使用钨探针直接转移 t-Se 纳米片后，然后使用相同的工艺引入另一层单层 hBN 薄膜，形成 hBN/t-Se/hBN 夹层结构。最后，在聚对苯二甲酸乙二醇酯表面旋涂一层薄薄的聚甲基丙烯酸甲酯(约 200 nm)以防止滑动并保护 t-Se 纳米片超薄材料在环境条件下的降解。聚甲基丙烯酸甲酯的紧固作用通过观察在拉曼模式的位置下，拉伸应变高达 0.87%时弯曲 100 次后并没有显示任何强度峰偏移而得到证实(图 5-7)。弯曲应变 ε_{b} 可通过 $\varepsilon_{\mathrm{b}}=d/2r$ 估算，其

中 d 和 r 分别代表弯曲聚对苯二甲酸乙二醇酯基板的厚度和曲率半径(图 5-6(b))。因为 t-Se 纳米片样品的厚度比 PET 的厚度小得多,可以假设对薄片的诱导应变与对 PET 基板施加的应变相同。值得注意的是,当 $r \geqslant d$ 时,可以假定 PET 基板顶部的薄膜样品处于纯拉伸载荷下。在这项研究中,在非偏振配置中研究了 t-Se 纳米片沿着两个正交方向(c 轴和 a/b 轴)的拉曼响应。

详细的设置和测试过程如下。首先在透明胶带的帮助下,将不规则梯形形状生长的 t-Se 纳米片转移到含有一层 hBN 的聚对苯二甲酸乙二醇酯基板上。然后,在 t-Se 纳米片上覆盖另一层 hBN,由此可以在聚对苯二甲酸乙二醇酯基板上形成 hBN/t-Se/hBN 夹层结构。为确保拉伸应变可以有效地传递到 t-Se 纳米片并且可以收集相应的应变相关拉曼信号,将一层聚甲基丙烯酸甲酯(厚度 200 nm)旋涂在 hBN/t-Se/hBN 夹层的顶部。如图 5-7 所示,可以很好地保留 t-Se 纳米片的完整性,并且拉曼特征峰没有任何变化,即使经过 100 次也几乎没有退化弯曲,证明了实验装置的可行性。由于我们可以确定 t-Se 纳米片沿着 c 轴方向以直边结晶,因此,可以很容易地通过光学显微镜观察直接识别 t-Se 纳米片的晶体取向。如图 5-8 所示,首先将聚对苯二甲酸乙二醇酯/t-Se 纳米片的直边平行于基底方向,由此弯曲效应产生的应变可以沿 t-Se 纳米片 c 轴施加。然后,将聚对苯二甲酸乙二醇酯基板旋转 90°以沿 a/b 轴进行拉曼测量。

基于上述实验装置和拉曼测试,可以获得 t-Se 纳米片在拉伸和压缩应变下的拉曼响应。在本研究中,为了保持与 t-Se 纳米片的拉伸断裂行为一致,我们主要讨论拉伸应变下拉曼振动特性的变化。t-Se 纳米片在压缩应变下沿 c 轴和 a/b 轴的拉曼响应,如图 5-9 所示。当沿 c 轴方向施加压缩应变时,可以看到 E_2 和 A_1 模式都会向更高的位置移动,对于 E_2 模式位移率为 1.15 $cm^{-1}/\%$,对于 A_1 模式位移率为 0.7 $cm^{-1}/\%$。类似地,t-Se 纳米片在承受拉伸应变的情况下,由于是沿着 a/b 轴上施加压缩应变,因此特征峰位置没有变化趋势波动。

如图 5-6(c)所示,E_2 和 A_1 拉曼模式都表现出明显的红移,这表明 t-Se 振动模式中相关的恢复程度可能会因拉伸应变而大大减弱。位移率可以依据 $\omega^* = \partial\omega/\partial\varepsilon$ 计算,其中 ω 代表拉曼频率。E_2 模式的 ω^* 可达 1.3 $cm^{-1}/\%$,而 A_1 模式的 ω^* 仅为 0.56 $cm^{-1}/\%$,这表明这两种振动模式的响应不同(图 5-6(d)、(e))。t-Se 纳米片的 E_2 模式代表 Se 原子沿 c 轴的运动,而 A_1 模式反映 Se 原子链沿着内方向的自由膨胀(图 5-6(f))。在拉伸应变下,Se—Se 共价键的长度明显延长,导致原子相互作用减弱,振动频率降低。然而,沿 c 轴的拉伸应变只能稍微降低一维 Se 原子链的等边三角形投影,导致 A_1 模式的红移相对较小。相反,当沿 a/b 轴施加拉伸应变时 t-Se 纳米片中拉曼模式的响应显示出显著差异。如图 5-6(f)~(h)所示,E_2 和 A_1 模式的峰值位置只有稍微波动,即使施加的应变达到 0.86%也没有明显变化。如前所述,Se 原子之间的相互作用在 t-Se 纳米片晶体中具有明显的各向异性,即沿 c 轴的共价键作用和沿 a/b 轴的范德瓦耳斯力相互作用。由于弱的范德瓦耳斯力相互作用,沿 a/b 轴的应变不能有效地传递到单个 Se 螺旋链,因此此设置中拉曼模式的应变灵敏度极弱。在这项研究中,在一些施加压缩应变的样本中也揭示了类似的行为(图 5-9)。施加应变条件下 t-Se 纳米片的拉曼响应的这种显著的各向异性变化进一步证明了其各向异性结构。

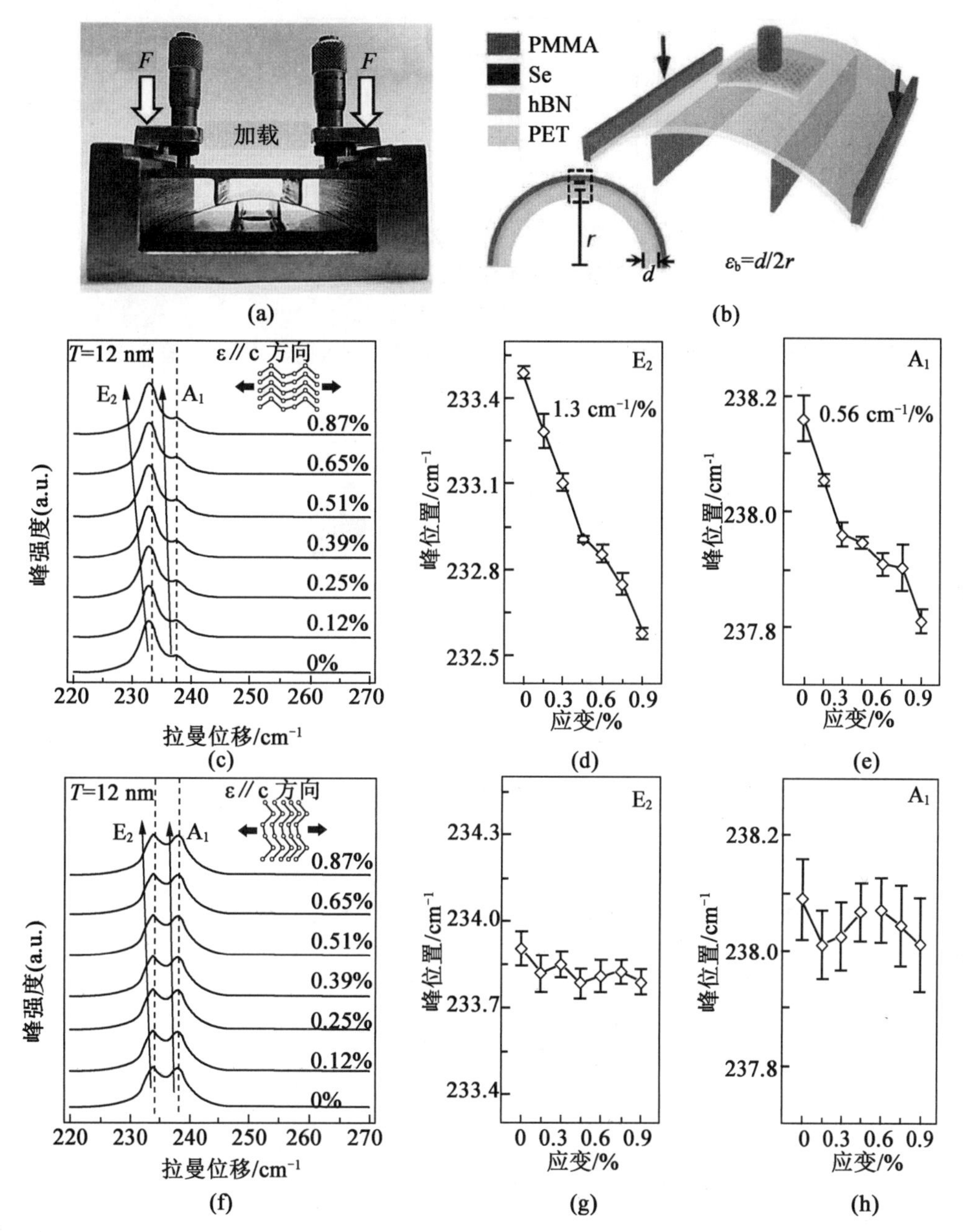

图 5-6　t-Se 纳米片在沿 c 轴和 a/b 轴的单轴应变下的各向异性拉曼响应

(a)用于拉曼测试的四点弯曲系统的照片，这种测试方法通常用于沿特定方向施加正交面内应变；(b)拉曼测试设置示意图；(c)在 c 轴的单轴应变 ε 作用下，封装在 PET 基板上的 t-Se 纳米片的拉曼光谱的演变；(d)、(e)沿 c 轴 E_2 和 A_1 模式下的相应拉曼位移作为 ε 的函数；(f)在单轴应变 ε 作用下，沿 a/b 轴的拉曼光谱演变。(g)、(h)沿 a/b 轴相应的拉曼位移作为 ε 的函数

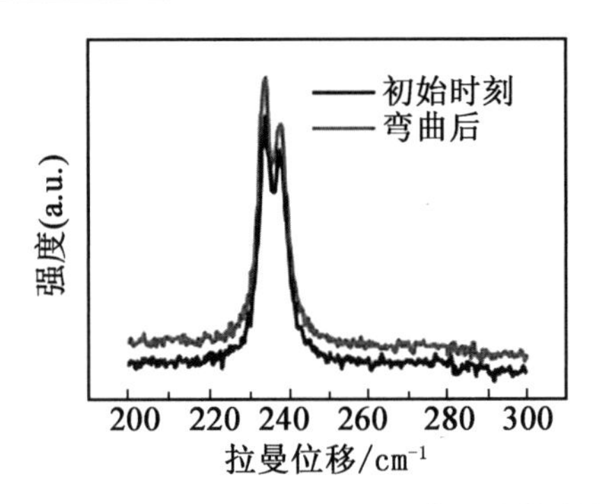

图 5-7 聚甲基丙烯酸甲酯旋涂涂覆的 hBN/t-Se/hBN 夹层结构在聚对苯二甲酸乙二醇酯基板上弯曲 100 次后的拉曼光谱，拉伸应变为 0.87%

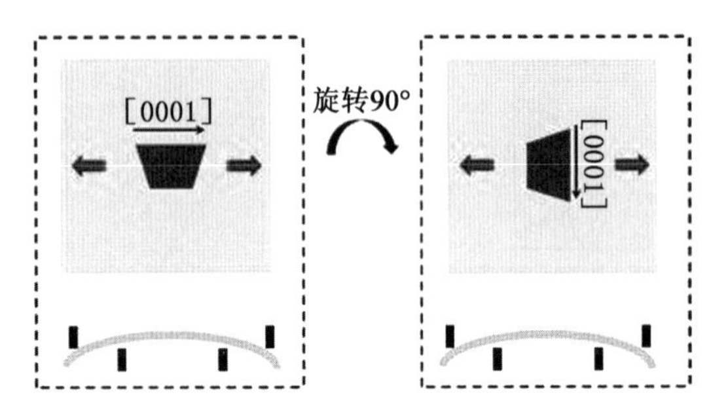

图 5-8 t-Se 纳米片沿着 c 轴和 a/b 轴的应变下的拉曼测试设置示意图

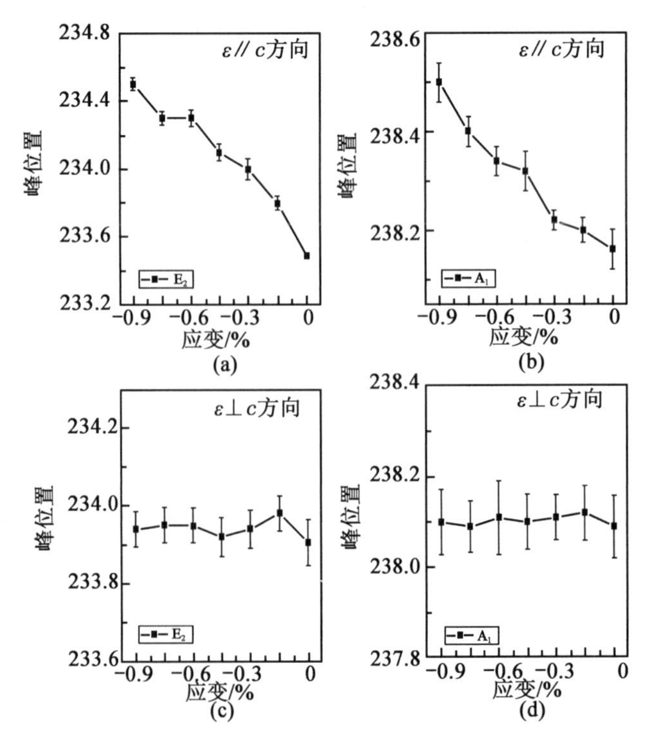

图 5-9 施加压缩应变时 t-Se 纳米片的拉曼光谱变化曲线图

5.4　t-Se 纳米片的原位拉伸测试设置

我们使用了一个由纳米压头驱动的原位 SEM 纳米力学测试系统来定量研究 t-Se NS 各向异性的力学性能(图 5-10(a)、(b))。首先将带状的 t-Se NS 切割成几微米的长条，然后在光学显微镜下用尖锐的探针转移到样品台上。装有样品的测试装置由 SEM 内的纳米压头驱动，通过推拉装置可以对单个 t-Se NS 样品施加单轴拉力。由于沿着 c 轴的条带边缘非常光滑平坦，这可以作为我们能够确定并将两个正交的结晶方向与加载方向对齐的标准。此外，在样品转移之前，所有样品的结晶方向都是通过角度相关的拉曼光谱来准确识别的。

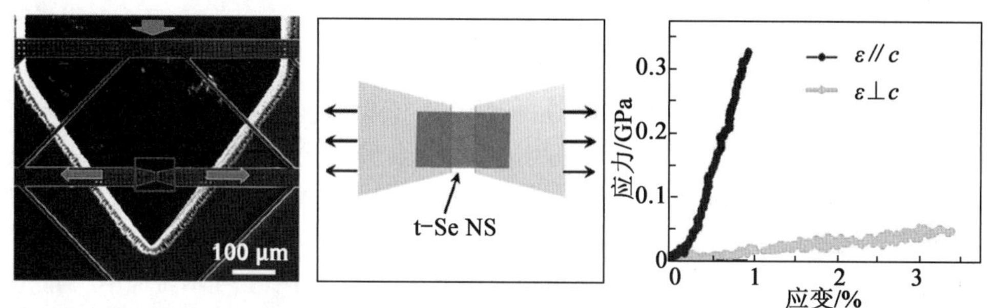

(a)纳米机械装置的SEM图像　(b)单个t-Se NS的拉伸示意图　(c)沿两个正交方向的拉伸σ-ε曲线

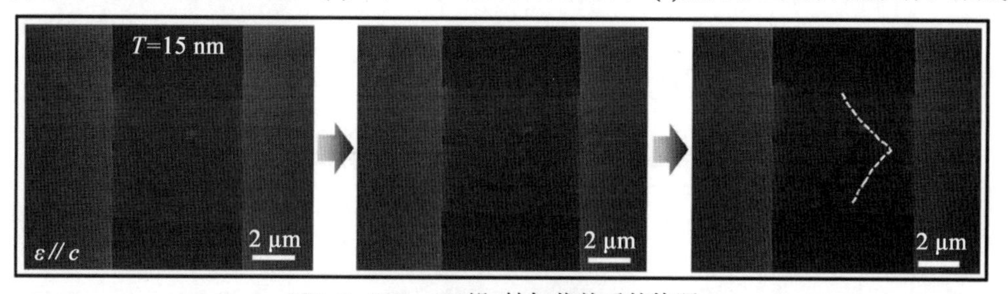

(d)t-Se NS(c-#1)沿c轴加载前后的快照

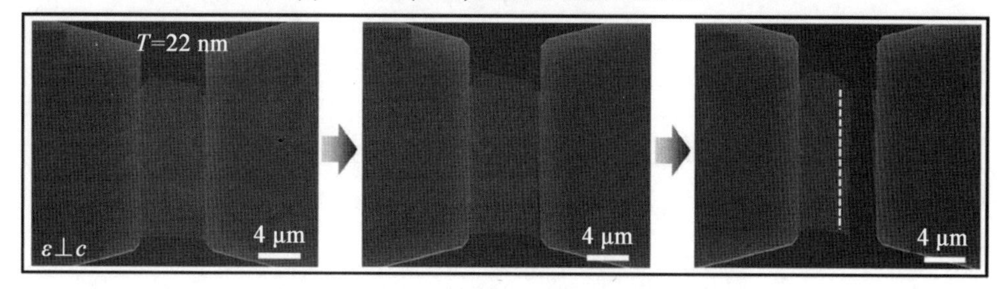

(e)t-Se NS(a/b-#3)沿a/b轴加载前后的快照

图 5-10　二维 t-Se NS 的原位拉伸测试

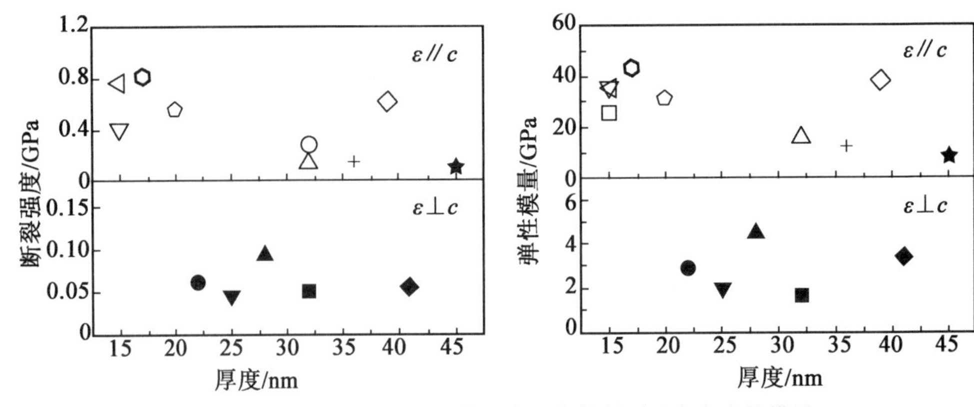

(f)t-Se NSs沿两个正交方向的断裂强度和弹性模量

续图 5-10

原位纳米力学测试是在 SEM(FEI Quanta 400)室内进行的,根据既定的“推-拉”机制,用 Agilent In-SEM 纳米压头拉伸加载在微制造装置上的单个 t-Se NSs。为了确保 t-Se NS 和 Si 基底之间的界面黏附力能够维持拉伸载荷直到样品完全断裂,t-Se NS 和 Si 基底之间的接触面积需要足够大。原位纳米力学测试可以直接得到拉伸载荷与时间的关系曲线。结合相应的原位拉伸视频,可以提取出力与位移的曲线。在本研究中,共测试了 16 个样品,其中 11 个样品沿 c 轴加载,5 个样品沿 a/b 轴加载。表 5-1 中总结了 t-Se NSs 的几何参数和测量的力学性能。同时,为了揭示 t-Se NSs 的断裂机制,用 HRTEM 观察样品的断裂面,如图 5-11 所示。

表 5-1 t-Se NSs 的几何参数和测量的力学性能

试样	初始长度 /μm	宽度 /μm	厚度 /nm	断裂应变 /%	弹性模量 /GPa	断裂强度 /GPa
c-#1	6. 29	5. 67	15	0. 92	25. 32	0. 33
c-#2	3. 27	9. 53	32	2. 39	15. 57	0. 28
c-#3	3. 18	14. 86	32	1. 33	16. 22	0. 13
c-#4	3. 10	3. 54	15	1. 20	36. 00	0. 42
c-#5	6. 23	4. 77	39	2. 73	38. 24	0. 63
c-#6	3. 40	7. 56	15	1. 13	35. 81	0. 77
c-#7	6. 31	10. 47	15	1. 63	15. 46	0. 30
c-#8	5. 58	5. 29	19	3. 55	43. 24	0. 82
c-#9	3. 39	5. 52	45	2. 36	8. 59	0. 11
c-#10	6. 68	3. 85	20	0. 85	31. 34	0. 56
c-#11	3. 41	4. 96	36	0. 80	12. 73	0. 15
a/b-#1	6. 24	10. 24	22	1. 58	2. 88	0. 063

续表 5-1

试样	初始长度 /μm	宽度 /μm	厚度 /nm	断裂应变 /%	弹性模量 /GPa	断裂强度 /GPa
a/b-#2	3.34	8.24	28	1.77	4.50	0.094
a/b-#3	6.32	13.51	32	3.39	1.63	0.052
a/b-#4	3.59	11.28	25	4.18	1.95	0.045
a/b-#5	3.15	12.83	41	4.92	3.32	0.056

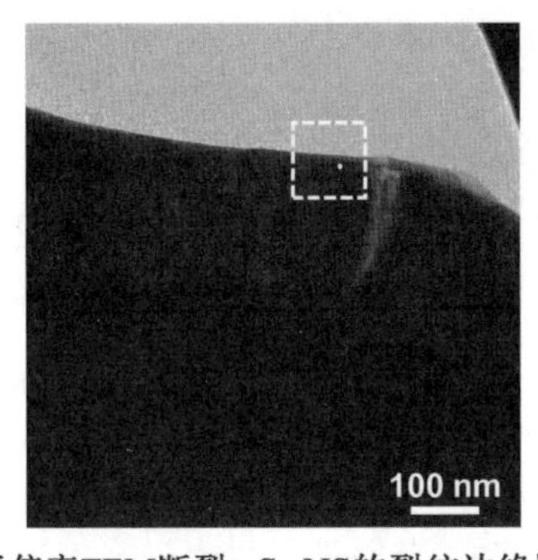

(a)低倍率TEM断裂t-Se NS的裂纹边缘图像

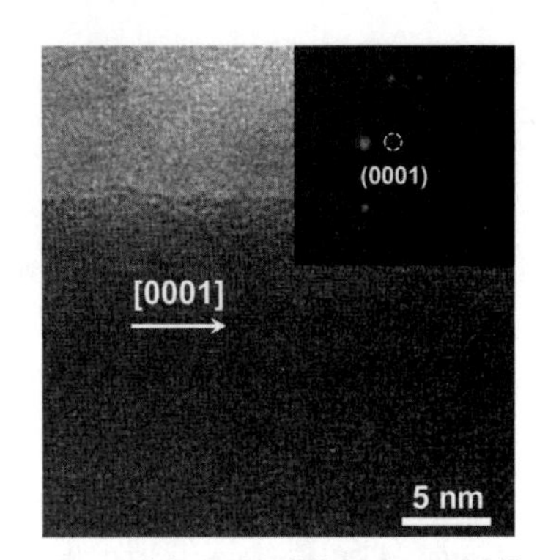

(b)(a)中标记区域的HRTEM图像

图 5-11　断裂表面 t-Se NSs 的 TEM 表征((b)中插图是对应的 SAED 图像)

5.5　硒纳米片各向异性拉伸力学行为

通过原位力学测试发现 t-Se NS 样品的裂纹扩展遵循典型的“之”字形。样品在拉伸载荷下总是沿着一个典型的“zig-zig”的裂纹扩展路径(图 5-10(d))。而当加载方向沿 *a/b* 轴时,裂纹扩展是沿垂直于拉伸方向脆性断裂(图 5-10(e))。在这项研究中,为了进一步了解断裂过程和相应的结晶取向,用 HRTEM 结合 SAED 对测试样品的断裂表面的局部区域进行了进一步研究。图 5-11 展示了 HRTEM 与 SAED 相结合的照片。硒纳米片各向异性的力学行为与其他一些二维材料(如黑磷等)有很大区别,后者的面内力学各向异性并不明显,主要是共价键连接的蜂窝状材料各向异性所导致的。同样通过这个实验我们也可以定量比较二维单晶材料和碳纳米管基纳米复合材料的范德瓦耳斯相互作用强度。

5.6　硒纳米片断裂强度和弹性模量

图 5-10(c)显示了沿 *c* 轴和 *a/b* 轴(表 5-1 中编号的 *c*-#1 和 *a/b*-#3)的 t-Se NSs 的典型拉伸应力与应变曲线。图 5-10(d)、(e)显示了分别沿这两个方向相应的拉伸断裂实验快照。正如线性应力-应变曲线所证明的,应力增加到最大值后迅速下降到零,表明

了典型的脆性断裂行为。力学性能各向异性的影响十分显著。从表 5-1 可以清楚地看到,沿 c 轴测量的断裂强度 σ_f 和弹性模量 E(分别为 0.11~0.82 GPa 和 8.59~43.24 GPa),远高于沿 a/b 轴的拉伸结果(0.045~0.094 GPa 和 1.63~4.50 GPa)。这些巨大的差异可以归因于沿这两个方向的相互作用差异,即沿 c 轴的强共价键与沿 a/b 轴的弱范德瓦耳斯相互作用。此外,我们发现 σ_f 和 E 沿 c 轴随着厚度的增加而减少,展现出典型的尺寸效应。然而,它们对沿 a/b 轴的厚度的依赖性较小。

5.7　硒纳米片拉伸力学行为的分子动力学模拟

5.7.1　SW 力场

分子动力学(MD)计算是使用大型原子/分子大规模并行仿真器(LAMMPS)程序进行的。我们将修改后的 Stillinger-Weber(SW)势加入到 LAMMPS 代码中来计算 Se 原子的能量和原子力,其中能量由以下公式给出:

$$U = \sum_{i<j} V_2(r_{ij}) + \sum_{i<j<k} V_3(r_{ij}) V_3(r_{ik}) [m_1(\cos(\theta) - \cos(\theta_0))^2 + m_3 - 0.5 m_1 \cos^4(\theta)] \tag{5-6}$$

式中,m_1、m_3、θ_0 为 Se 势函数的拟合常数,$m_1=34.486\,6$,$m_3=11.957\,2$,$\theta_0=95.368\,8°$。第一部分是用于两体相互作用,第二部分是用于三体相互作用。通过取多体势的导数,可以计算出原子力,并在 MD 模拟过程中用它们来更新原子坐标。我们使用正则系综(NVT),在模拟过程中保持原子数、系统体积和温度(10 K,以避免结构波动)不变。时间步长被选为 1 fs,以保持模拟稳定。

5.7.2　单层 t-Se 纳米片建模

我们根据实验中测得的 t-Se 晶体结构建立了尺寸为 170×170(nm^2)的单层 t-Se 模型,其中包括约 50 万个原子,厚度为 0.6 nm(单层原子结构)。并通过能量最小化和 100 ps 的动力学优化来确保结构稳定。拉伸模拟使用恒定的应变速率(0.000 1 ps^{-1})沿纳米片的不同方向施加轴向拉伸变形,并记录变形以及变形过程中的应力-应变反应。轨迹文件通过分子动力学可视化软件(VMD)进行可视化分析。

5.7.3　拉伸力学行为分析

为了从原子的角度更好地理解各向异性的断裂行为,对 t-Se 晶体沿两个不同方向施加轴向拉伸模拟,拉伸快照显示在图 5-12(a)~(h),即沿两个正交方向不同拉伸应变的 MD 模拟快照(图片上部分),MD 快照中的原子根据平面外方向的高度进行着色,以及 t-Se NSs 对应的具有相似断裂模式的 SEM 图像(图片下部分)。图 5-12(i)为 t-Se 晶体 DFT 弛豫后的原子结构,用于计算表面能。图 5-12(j)、(k)为 DFT 模拟得到的归一化断裂强度与弹性模量与角度的关系。我们发现,拉伸应力随着沿 c 轴的应变增加而线性增加。在早期阶段,ε 主要是由 Se 原子链的拉伸引起的。当 ε 增加到 3.7%时,在 t-Se NS

的边缘可以观察到微小的裂纹，几个 Se 原子链断裂。随着 ε 的进一步增加（最高达到 10.5%），更多的 Se 原子链在裂纹尖端附近发生不规则断裂，弹性应变能量的快速释放导致了“之”字形断裂形态（图 5-12(d)）。据观察，“之”字形裂纹的传播与 t-Se NS 的面外波浪形变形密切相关，这与多晶石墨烯断裂失效的结果相似。这种断裂形式在生物材料中被广泛观察到，但在二维材料中却很少见到。因为二维材料通常是脆性的，很容易从裂纹处发生断裂破坏。这种断裂模式与早期的原位 SEM 观察很一致。另外，应力 σ 也随着加载沿 a/b 轴的增加而线性增加。当应变 ε 达到一个临界值（约 4%）时，材料则开始出现裂纹。由于硒原子间相对较弱的范德瓦耳斯相互作用，单个 Se 原子链可以很容易破坏。因此，裂纹会沿着链的方向快速扩展直至断裂（图 5-12(h)）。

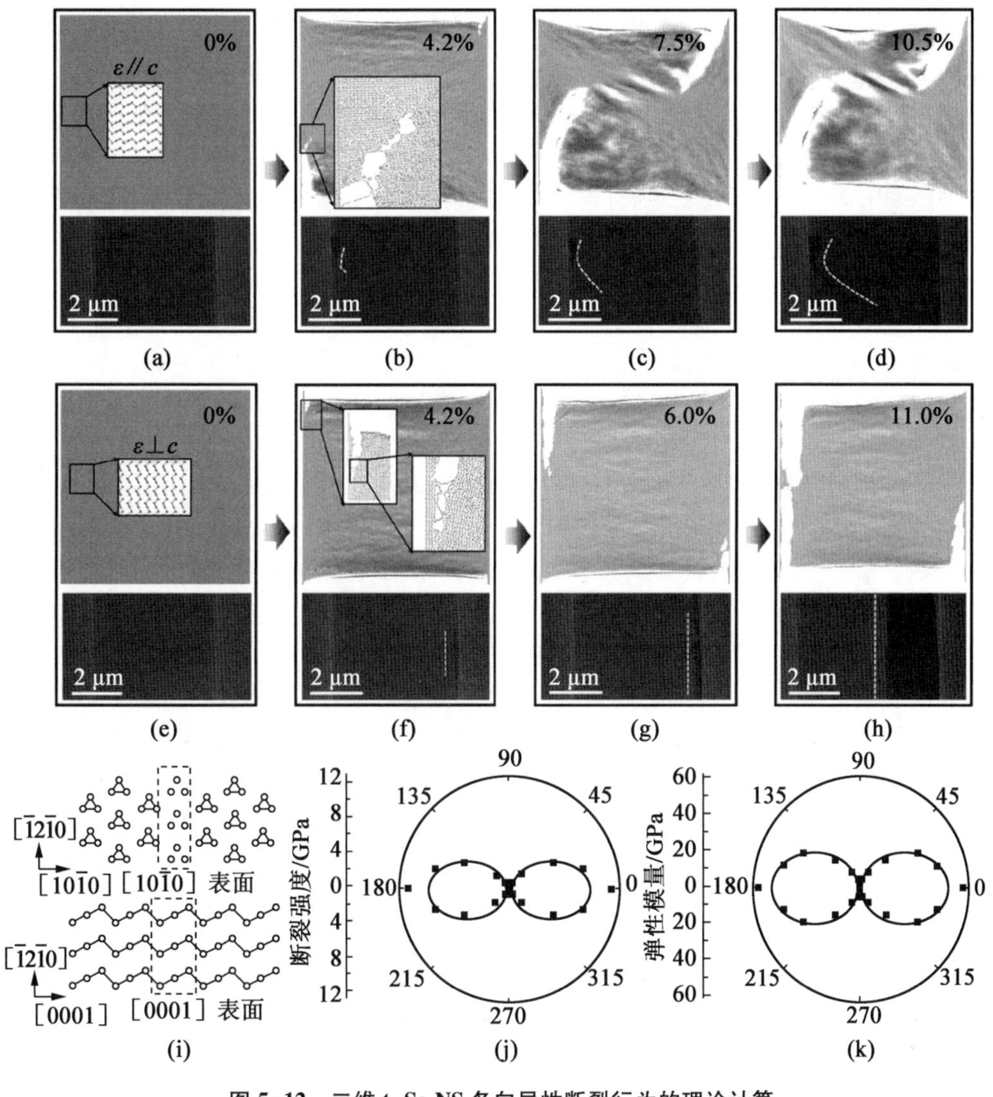

图 5-12　二维 t-Se NS 各向异性断裂行为的理论计算

5.8　基于第一性计算的硒纳米片断裂强度和弹性模量

DFT 计算是使用维也纳从头算模拟包（VASP）程序进行的。所研究的硒原子体系的电子相互作用是由投影缀加波（PAW）方法描述的。交换关联能函数是通过使用参数化的广义梯度近似法（GGA-PBE）进行评估的。价电子是通过平面波基组计算的，其能量截止值设置为 650 eV。相邻硒原子链之间的长程色散相互作用是由 vdW 密度函数（vdW-DF）描述的。当相邻两步的能量差小于 10^{-5} eV，认为结果达到稳定状态。对于硒原子体系的 k 点设置为 1×1×4。计算单元中的所有硒原子都使用内部 VASP 程序进行优化，直到所有原子力都低于 10 meV/Å。

随后，通过 DFT 计算进一步揭示 t-Se NSs 的力学性能的各向异性。在断裂力学理论的基础上，$(10\bar{1}0)$ 和（0001）表面的表面能 γ 可以用来描述材料的抵抗断裂能力。如图 5-12（i）所示，表面能可以被定义为相对于完美体相纳米材料，其表面额外的能量与材料暴露表面积的比值。通过计算发现垂直于 c 轴和 a/b 轴的表面能量分别为 3.88 eV/nm^2 和 0.20 eV/nm^2，由此可以发现通过共价键连接的硒原子链的抗断裂性要比通过范德瓦耳斯相互作用连接的硒原子链的抗断裂性强得多。如图 5-12（j）、（k）中所示利用 DFT 计算 t-Se NSs 的 σ_f 和 E 沿着不同的加载方向（0°～90°）进行了轴向加载模拟，其中角度 $\theta=0°$ 和 $\theta=90°$ 指的是沿 c 轴和 a/b 轴的加载方向。结果发现，σ_f 和 E 高度依赖于 θ。随着 θ 的增加，σ_f 和 E 非线性地增加，直到硒原子链中的共价键拉伸和破坏达到最大值。但实际测量的 σ_f 和 E 比理论预测的要低得多，这可能是由程序诱导的 t-Se NSs 的裂纹扩展导致的。

综上所述，我们从实验和理论上研究了新型不对称二维 t-Se NS 的结构和力学性能的各向异性。结果发现，在沿 c 轴的拉伸应变下，有一个较强的拉曼峰在沿 c 轴的拉伸应变下有明显移动，这是因为共价硒原子链的拉伸。然而，拉曼峰的移动对沿正交方向的拉伸应变的变化要小得多。拉曼峰的移动对沿正交方向的拉伸应变不太敏感，因为硒原子链之间主要通过范德瓦耳斯相互作用连接。原位纳米力学 SEM 测试表明，沿 c 轴的弹性模量和断裂强度比沿 a/b 轴的要高得多。此外，从这两个方向观察到了“之字形”和“直线”断裂模式。MD 模拟结构显示，“zig-zig”断裂形态主要是由硒原子链的不规则断裂造成的。而“直线”断裂形态主要是由硒原子链稳定界面间裂纹造成的。最后，DFT 计算表明，t-Se 力学性能是由这两个正交的表面能量的差异造成的。本章揭示了二维硒晶体材料的内在结构和力学性能各向异性的特点，为先进的二维材料的应用奠定了良好的基础。

本章参考文献

[1]　QIN J, QIU G, JIAN J, et al. Controlled growth of a large-size 2D selenium nanosheet and its electronic and optoelectronic applications[J]. ACS Nano, 2017, 11(10): 10222-10229.

[2]　ANDHARIA E, KALONI T P, SALAMO G J, et al. Exfoliation energy, quasiparticle

band structure, and excitonic properties of selenium and tellurium atomic chains[J]. Physical Review B, 2018, 98(3):035420.

[3] QIN J-K, ZHOU F, WANG J, et al. Anisotropic signal processing with trigonal selenium nanosheet synaptic transistors[J]. ACS Nano, 2020, 14(8):10018-10026.

[4] LIU Y, HUANG Y, DUAN X. Van der Waals integration before and beyond two-dimensional materials[J]. Nature, 2019, 567(7748):323-333.

[5] KUFER D, KONSTANTATOS G J N L. Highly sensitive, encapsulated MoS_2 photodetector with gate controllable gain and speed[J]. Nano letters, 2015, 15(11):7307-7313.

[6] LUO L-B, YANG X-B, LIANG F-X, et al. Transparent and flexible selenium nanobelt-based visible light photodetector[J]. CrystEngComm, 2012, 14(6):1942-1947.

[7] LUO Z, MAASSEN J, DENG Y, et al. Anisotropic in-plane thermal conductivity observed in few-layer black phosphorus[J]. Nature Communications, 2015, 6(1):8572.

[8] LI Y, HU Z, LIN S, et al. Giant anisotropic raman response of encapsulated ultrathin black phosphorus by uniaxial strain[J]. Advanced Functional Materials, 2017, 27(19):1600986.

[9] LEE C, WEI X, KYSAR J W, et al. Measurement of the elastic properties and intrinsic strength of monolayer graphene[J]. Science, 2008, 321(5887):385-388.

[10] CAO C, MUKHERJEE S, HOWE J Y, et al. Nonlinear fracture toughness measurement and crack propagation resistance of functionalized graphene multilayers[J]. Science Advances, 2018, 4(4):eaao7202.

[11] LIPATOV A, LU H, ALHABEB M, et al. Elastic properties of 2D $Ti_3C_2T_x$ MXene monolayers and bilayers[J]. Science Advances, 2018, 4(6):eaat0491.

[12] CAO G, GAO H. Mechanical properties characterization of two-dimensional materials via nanoindentation experiments[J]. Progress in Materials Science, 2019, 103:558-595.

[13] LEE G-H, COOPER R C, AN S J, et al. High-strength chemical-vapor-deposited graphene and grain boundaries[J]. Science, 2013, 340(6136):1073-1076.

[14] ZHANG P, MA L, FAN F, et al. Fracture toughness of graphene[J]. Nature Communications, 2014, 5(1):3782.

[15] YANG Y, LI X, WEN M, et al. Brittle fracture of 2D $MoSe_2$[J]. Advanced Materials, 2017, 29(2):1604201.

[16] MARTIN R M, LUCOVSKY G, HELLIWELL K. Intermolecular bonding and lattice dynamics of Se and Te[J]. Physical Review B, 1976, 13(4):1383.

[17] QIU G, DU Y, CHARNAS A, et al. Observation of optical and electrical in-plane anisotropy in high-mobility few-layer $ZrTe_5$[J]. Nano letters, 2016, 16(12):7364-7369.

[18] WANG Y, CONG C, FEI R, et al. Remarkable anisotropic phonon response in uniaxially strained few-layer black phosphorus[J]. Nano Research, 2015, 8:3944-3953.

[19] DU Y, QIU G, WANG Y, et al. One-dimensional van der Waals material tellurium: Raman spectroscopy under strain and magneto-transport[J]. Nano letters, 2017, 17(6):3965-3973.

[20] LIN P, ZHU L, LI D, et al. Piezo-phototronic effect for enhanced flexible MoS_2/WSe_2 van der Waals photodiodes[J]. Advanced Functional Materials, 2018, 28(35): 1802849.

[21] FEI R, YANG L. Strain-engineering the anisotropic electrical conductance of few-layer black phosphorus[J]. Nano Lett, 2014, 14(5):2884-2889.

[22] TAO J, SHEN W, WU S, et al. Mechanical and electrical anisotropy of few-layer black phosphorus[J]. ACS Nano, 2015, 9(11):11362-11370.

[23] SUI C, LUO Q, HE X, et al. A study of mechanical peeling behavior in a junction assembled by two individual carbon nanotubes[J]. Carbon, 2016, 107:651-657.

[24] QU L, DAI L, STONE M, et al. Carbon nanotube arrays with strong shear binding-on and easy normal lifting-off[J]. Science, 2008, 322(5899):238-242.

[25] JUNG G, QIN Z, BUEHLER M J. Molecular mechanics of polycrystalline graphene with enhanced fracture toughness[J]. Extreme Mechanics Letters, 2015, 2:52-59.

[26] LIBONATI F, GU G X, QIN Z, et al. Bone-inspired materials by design: Toughness amplification observed using 3D printing and testing[J]. Advanced Engineering Materials, 2016, 18(8):1354-1363.

[27] WU J, QIN Z, QU L, et al. Natural hydrogel in american lobster: A soft armor with high toughness and strength[J]. Acta Biomater, 2019, 88:102-110.

第6章　二维COF缺陷不敏感力学特性

6.1　概　　述

在过去的几十年中，纳米材料和纳米科学取得了革命性的进展，通过对尺寸在100 nm及以下的材料进行微观操控，研究者实现了纳米材料定向设计的目标。最近，二维(2D)共价有机框架(COF)被认为是类石墨烯的二维层状聚合物，它们提供了传统二维材料所不能提供的可裁剪性而受到了极大的关注。共价有机框架(COF)是一种具有明确孔道、结构可调、化学性质多样的晶态多孔有机材料。与其他聚合物不同，COF的一个显著特点是结构可设计、合成可控和功能可调控。原则上，拓扑设计为扩展多孔多边形的结构提供了几何指导，缩聚反应为构建预先设计的初级和高级结构提供了合成途径。过去十年在这两方面的化学进展无疑奠定了COF领域的基础。由于有机单元的可设计性以及拓扑和连接单体的多样性，COF已经成为有机材料的一个新领域，这为复杂结构定向合成的功能开发提供了强大的理论基础。理想的二维COF是由共价键连接的单体沿着两个面内正交方向组装而成的多孔结晶聚合物网络，具有长程周期性。根据拓扑学对二维COF进行结构设计，已经有多种分子构型框架的COF被报道。在每种COF中，晶格结构是高度有序的，而孔隙是可控的。拓扑多样性为二维COF的结构多样性提供了基础，在每个拓扑结构的背后，都存在着具有不同结构单元和共价键的COF类型。单体的拓扑设计原则使我们能够控制COF的孔径和形状，以及它们的功能，从而进行定向设计。共价有机框架其独特的结构特征使二维COF具有强大的潜力，在液/气分离、水过滤、能量存储/转换、催化、离子传导等方面具有广泛的应用。

COF的化学和物理性质依赖于单体和桥接共价键的选择，它们组成了具有可控孔径和形状的分子框架。整体的桥接单元-配体化学性质是由共价连接各个连接子和顶点的可逆反应产生的。可逆反应使COF薄膜形成了在热力学上稳定的网络，保证了薄膜的高结晶度和长程有序性。代表性的可逆化学反应包括硼酸与二元醇缩合反应生成硼酸酯和席夫碱反应生成亚胺键。高度不可逆反应在COF合成中不常见，但也可用于形成连接键，其中C—C键通过过渡金属交叉耦合反应形成热力学稳定的产物。由于其共价键连接的框架的稳定性，二维COF被设想为具有优异力学性能的功能纳米材料。对于COF薄膜的实际应用，包括柔性器件和压力驱动过滤膜，这些膜的可靠性和稳定性与其力学性能高度相关。然而，尽管COF已经被设计用于各种各样的膜分离和储能应用，COF薄膜的力学性能对于这些应用起着重要作用，但关于其力学性能的工作却非常有限。早期的实验研究报道了利用原子力显微镜(AFM)通过纳米压痕技术测量两种COF薄膜的弹性模量(约25.9 GPa和(267±30)GPa)，前者使用AFM纳米压痕技术测量了以4,4′,4″-

(1,3,5-三嗪-2,4,6-三基)三苯胺(TTA)和2,5-二羟基乙醛(DHTA)为原料在原油/水体系/水凝胶界面合成的$COF_{TTA-DHTA}$薄膜的弹性模量。后者利用界面诱导技术,获得了厚度可控、机械强度良好的自支撑薄膜。根据报道,还没有测量二维COF薄膜失效行为的研究,也没有报道断裂强度的值。为了评估二维COF的面内力学性能,需要制备高度结晶和取向的COF薄膜。$COF_{TAPB-DHTA}$薄膜作为一种高结晶度的COF材料成为最佳选择。值得注意的是,尽管纳米压痕已经成功地测量了一些二维纳米材料的强度和弹性模量,例如石墨烯、氮化硼和二硫化钼等,但是由于原子力显微镜探针下复杂的应力分布,很难直接评估二维纳米材料的断裂强度和捕捉其本征断裂行为。根据报道,Lou等首次利用扫描电子显微镜(SEM)对二维纳米材料进行了原位拉伸测试,确定了石墨烯的临界应力强度因子和$MoSe_2$的断裂强度分别约为0.4 MPa·$m^{1/2}$和4.8 GPa。利用类似的方法,Li等发现多层$MoSe_2$的断裂强度范围为0.2~1 GPa,具体取决于$MoSe_2$的厚度。Cao等测得氧化石墨烯(GO)的临界应力能量释放率为30 J/m^2,大约为石墨烯的两倍。功能化原子在GO中的随机分布被认为是抵抗裂纹扩展的有效途径。

另外,随着材料尺寸向纳米级的减小,各种纳米材料中都观察到了可以反映抗裂纹能力的缺陷不敏感现象。最近,Han等人使用原位SEM拉伸测试发现,即使在测试样品中产生了一些预先存在的缺陷,hBN单层的最大拉伸应变也可以达到6%。Gao的团队进行了分子动力学(MD)模拟,揭示了纳米晶石墨烯的脆性断裂对孔洞或缺陷的不敏感,并且拉伸强度不受影响。然而,对于这种缺陷不敏感特性是否也存在于聚合物体系中,并没有肯定的答案。

本章中,我们对二维$COF_{TAPB-DHTA}$薄膜进行原位拉伸力学研究。研究了$COF_{TAPB-DHTA}$薄膜的拉伸力学行为,并测定了$COF_{TAPB-DHTA}$薄膜的断裂强度和弹性模量。还测定了具有中心预制裂纹的$COF_{TAPB-DHTA}$薄膜表征断裂韧性的临界应力强度因子。有趣的是,观察到了对预制裂纹不敏感的脆性断裂。基于断裂力学理论进行分析,$COF_{TAPB-DHTA}$薄膜的原位SEM力学测试为更好地理解材料的裂纹拓展、断裂韧性及其对断裂和预制裂纹缺陷的行为提供了有价值的认识。本章对二维$COF_{TAPB-DHTA}$薄膜的力学性能有了深入的了解,为二维COF基纳米材料的结构设计和优化提供了重要依据。

6.2　COF制备及结构表征

6.2.1　COF薄膜和粉末的合成

蓝宝石衬底(10 mm×10 mm×0.5 mm, C面,单面抛光)分别在水、丙酮和异丙醇中超声15 min,然后在氮气流下干燥。然后对衬底进行氧等离子体处理30 min以去除所有表面污染物。云母衬底是从块体上剥离出来的,可以直接使用。

人们已经对共价有机框架(COF)材料进行了大量的合成研究,已知有100多个独特的结构基元。为了实现这些材料的真正潜力,需要通过界面合成、化学剥离和机械剥离等技术将粉末转化为具有可控厚度和形貌控制的薄膜。采用界面聚合法合成了取向$COF_{TAPB-DHTA}$薄膜。将7 mg TAPB和5 mg DHTA溶于4 mL 1,4-二氧六环和均三甲苯(体积比为3∶1)的混合溶液中,超声15 min。所得溶液用氮气吹30 min除氧,然后向溶液中缓慢加入200 μL、6 mol/L 乙酸。将底物放入小瓶后,将小瓶密封在50 mL高压反应釜中,置于120 ℃烘箱中24 h。冷却至室温后,取出具有$COF_{TAPB-DHTA}$膜的基材,并在1,4-二氧六环中超声处理几秒钟,并将其储存在丙酮中以供进一步研究。过滤收集不溶性的$COF_{TAPB-DHTA}$粉末,用1,4-二氧六环洗涤3次,再用乙醇洗涤。然后将$COF_{TAPB-DHTA}$粉末在120 ℃下进一步真空干燥。

6.2.2 COF薄膜的干法转移

以3 000 r/min的转速旋涂PMMA,制备取向$COF_{TAPB-DHTA}$薄膜。然后将其置于180 ℃的热板上1 min,以保证PMMA与$COF_{TAPB-DHTA}$薄膜之间有良好的接触。在去离子水中浸泡24 h后,PMMA/$COF_{TAPB-DHTA}$薄膜可以很容易地被针头剥离。最后,通过铜栅网将PMMA/$COF_{TAPB-DHTA}$捞出。使用安装在微操作器中的尖锐钨探针切割一块PMMA/$COF_{TAPB-DHTA}$并放置在纳米机械装置上。然后,在200 mL/min真空条件下,用90% N_2和10% H_2混合气体在400 ℃下连续流动退火去除PMMA。

6.2.3 取向COF薄膜的制备及结构表征

如图6-1(a)所示,以2,5-二羟基乙醛(DHTA)和1,3,5-三(4-氨基苯基)苯(TAPB)为原料,在1,4-二氧六环和均三甲苯(体积比为3∶1)的混合溶剂中,通过溶剂热缩聚反应在120 ℃制备了取向的2D $COF_{TAPB-DHTA}$薄膜。冷凝24 h后,蓝宝石衬底上覆盖一层均匀的深色薄膜(图6-1(b)和图6-1(c))。选择蓝宝石作为生长衬底是因为其超光滑的表面有利于2D COF的形成。除蓝宝石外,云母也是制备此类纳米材料的另一良好的候选衬底(图6-2)。图6-1(d)是利用AFM对$COF_{TAPB-DHTA}$薄膜进行表面分析的结果。光滑的表面证明了$COF_{TAPB-DHTA}$在蓝宝石衬底上的生长是连续的。此外,AFM截面轮廓显示了均匀的厚度t((50±5)nm)。

接下来,利用拉曼光谱对合成的$COF_{TAPB-DHTA}$薄膜的化学结构进行了表征(图6-3(a))。1 360 cm^{-1}和1 670 cm^{-1}附近的谱带分别对应于TAPB中苯环和氨基团的伸缩振动以及DHTA中的醛基伸缩振动。在合成的$COF_{TAPB-DHTA}$粉体和薄膜的拉曼光谱中,这两个谱带几乎完全消失。此外,在1 600 cm^{-1}附近可以看到一个峰,对应于—C=N—键的振动模式。这些结果表明,在$COF_{TAPB-DHTA}$粉末和薄膜中,TAPB和DHTA发生了席夫碱缩聚反应形成了亚胺键。值得注意的是,由于DHTA的光致发光,醛基的拉曼信号相对较弱。$COF_{TAPB-DHTA}$薄膜中N 1s的399 eV和C 1s的286 eV处的X射线光电子能谱(XPS)峰对应于—C=N—键(图6-4),这进一步证实了亚胺键的形成。通过Raman光谱和XPS研究,利用掠入射广角X射线散射(GIWAXS)验证了$COF_{TAPB-DHTA}$薄膜的有序晶体结构。图6-3(b)为蓝宝石衬底上二维$COF_{TAPB-DHTA}$薄膜的测试结果。在0.198、0.343、0.397和0.525($Å^{-1}$)处对应(100)、(110)、(200)和(210)晶面的布拉格衍射峰几乎集中在$q_z=0$处。这些来自GIWAXS的投影数据与模拟数据吻合得很好(图6-3(c))。GIWAXS实验是在布鲁克海文国家实验室NSLS Ⅱ的CMS光束线(11BM)上进行的。X射线的波长为1.17 Å,$\Delta\lambda/\lambda$为0.7%。薄膜样品在掠入射几何形状中以0.15°的入射角放置。散射信号由 CCD 检测器收集，该检测器放置在距样品 220 mm 处，与 X 射线束的倾斜角为 19°。曝光时间为 30 s，数据分析由 SciAnalysis 进行。通过 Debye-Scherrer 分析，$COF_{TAPB-DHTA}$ 薄膜在二维平面上的晶体尺寸平均约为 20 nm。这些结果证实了二维 $COF_{TAPB-DHTA}$ 薄膜具有高度的结晶性、取向性和有序性。

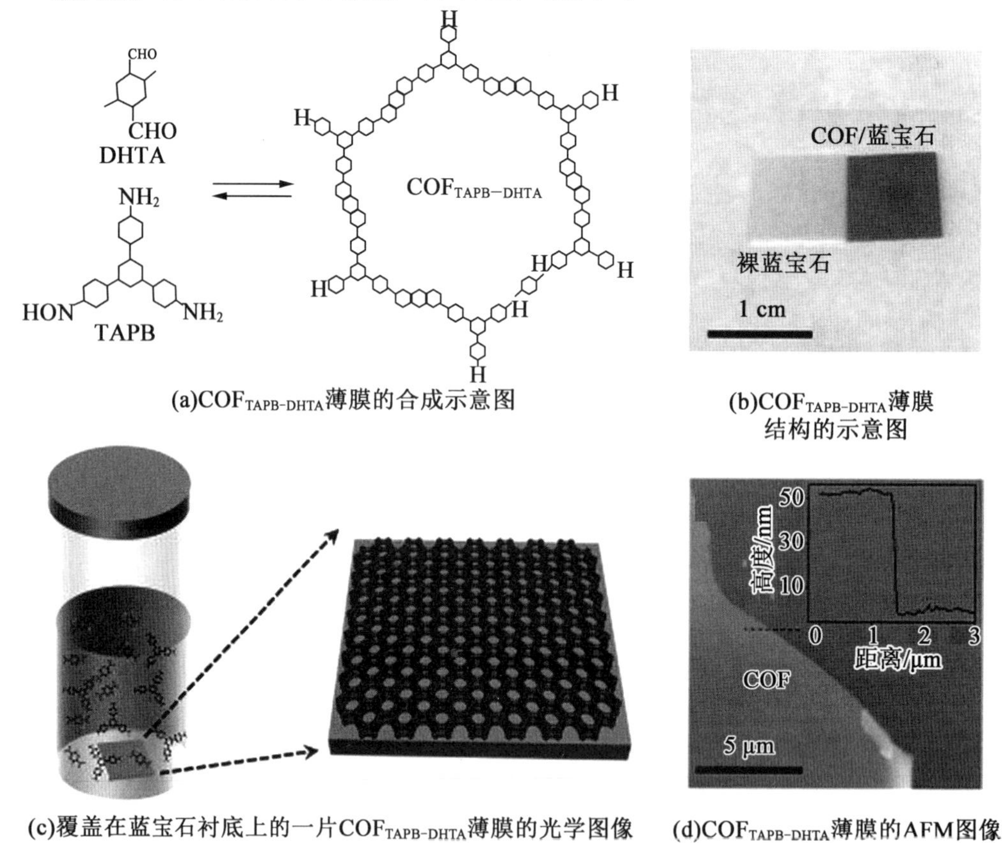

(a)$COF_{TAPB-DHTA}$薄膜的合成示意图

(b)$COF_{TAPB-DHTA}$薄膜结构的示意图

(c)覆盖在蓝宝石衬底上的一片$COF_{TAPB-DHTA}$薄膜的光学图像

(d)$COF_{TAPB-DHTA}$薄膜的AFM图像

图 6-1 定向 $COF_{TAPB-DHTA}$ 薄膜的制备((d)中插图是沿黑色虚线的厚度剖面)

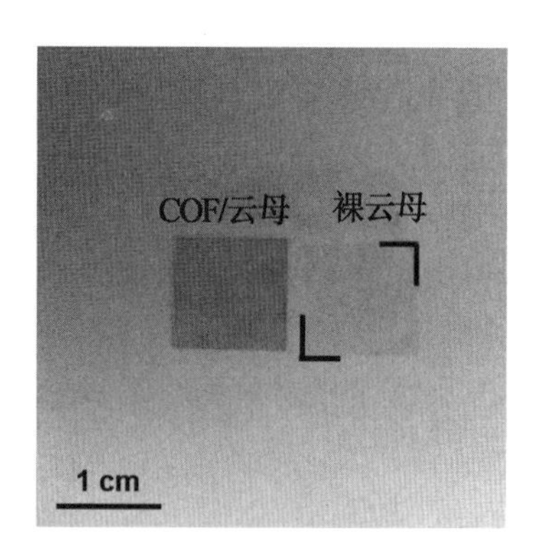

图 6-2 $COF_{TAPB-DHTA}$ 薄膜在云母衬底上生长的图像

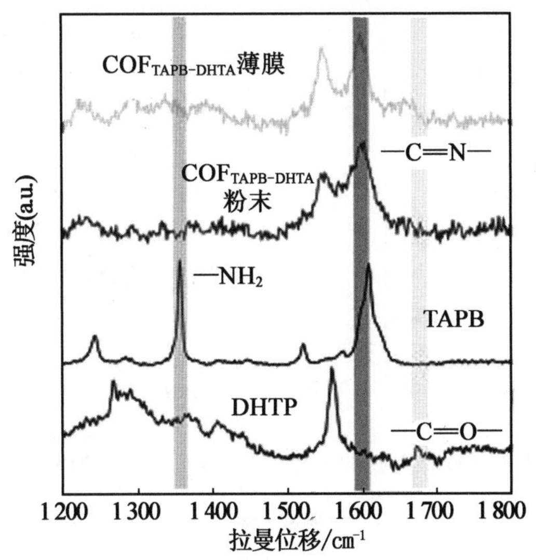

(a)单体TAPB、DHTP、COF$_{TAPB-DHTA}$粉末和COF$_{TAPB-DHTA}$薄膜的拉曼光谱

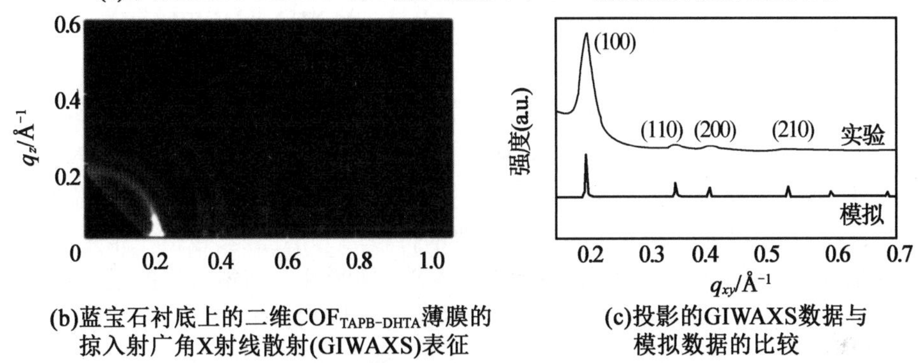

(b)蓝宝石衬底上的二维COF$_{TAPB-DHTA}$薄膜的掠入射广角X射线散射(GIWAXS)表征

(c)投影的GIWAXS数据与模拟数据的比较

图 6-3　定向 COF$_{TAPB-DHTA}$ 薄膜的结构表征

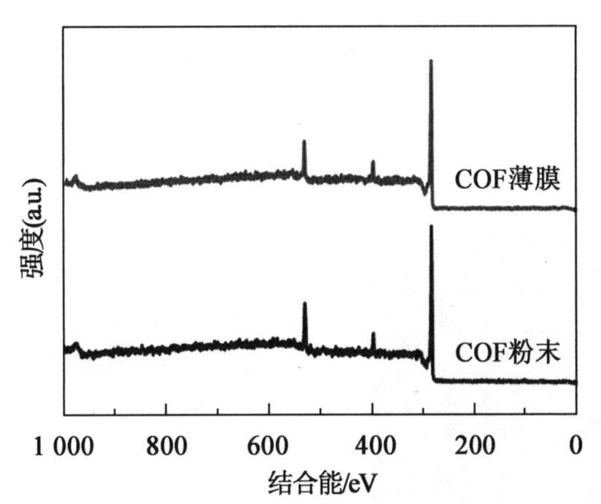

(a)COF$_{TAPB-DHTA}$薄膜和COF$_{TAPB-DHTA}$粉末的XPS测试图谱

图 6-4　COF$_{TAPB-DHTA}$ 薄膜的 XPS 表征

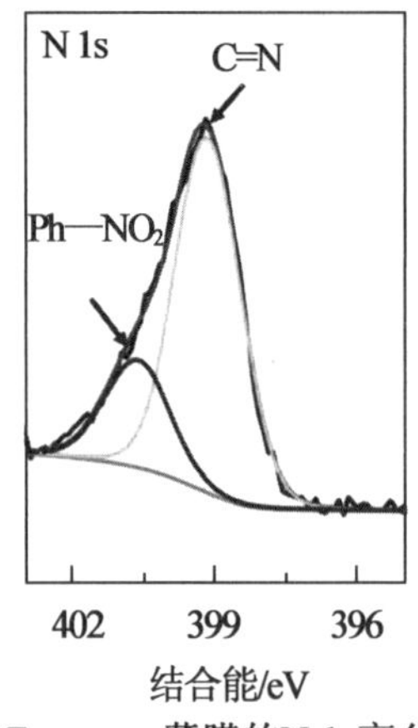

(b)$COF_{TAPB-DHTA}$薄膜的N 1s高分辨能谱

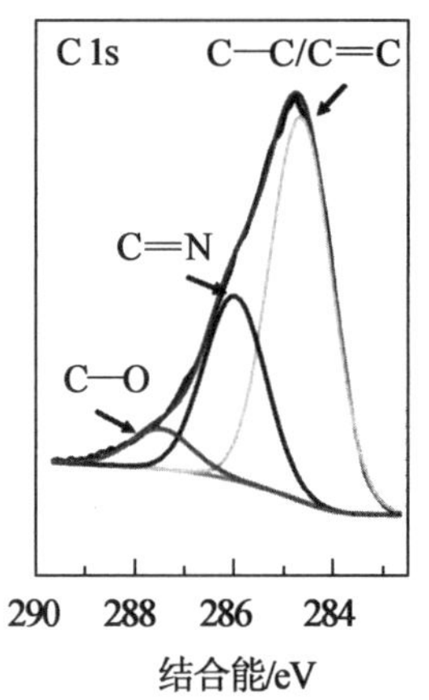

(c)$COF_{TAPB-DHTA}$薄膜的C 1s高分辨能谱

续图 6-4

6.3 COF 原位拉伸力学测试设置

在结构表征之后，使用原位 SEM 纳米力学测试平台测量了这些二维 $COF_{TAPB-DHTA}$ 薄膜的拉伸力学性能。如图 6-5(a)和(b)所示，纳米压痕仪的压缩载荷可以通过支撑悬臂梁的弯曲变形触发的“推-拉”机制转化为穿过装置中心的两个样品梭的单轴拉伸载荷。

利用该技术，已经成功研究了各种低维纳米材料的力学性能，包括一维金属纳米线、氮掺杂碳纳米管、碳纳米纤维、二维石墨烯和 $MoSe_2$ 纳米片。值得一提的是，在实际拉伸测试之前的关键步骤是将二维样品转移到设备的悬浮样品台上。在这里，使用了一种高效的干法转移方法，如前所述，将二维 $COF_{TAPB-DHTA}$ 薄膜转移到纳米机械器件上。具体来说，首先在 $COF_{TAPB-DHTA}$/蓝宝石上旋涂一层薄薄的 PMMA 涂层。然后将 PMMA/$COF_{TAPB-HTDA}$/蓝宝石浸入去离子水中，直到 PMMA/$COF_{TAPB-DHTA}$ 薄膜与蓝宝石衬底分离。随后，使用干净的铜网格基底对 PMMA/$COF_{TAPB-DHTA}$ 进行打捞。干燥后，使用尖锐的钨针在光学显微镜下将 PMMA/$COF_{TAPB-DHTA}$ 薄膜进行小块切割、挑取并转移到纳米机械器件上。在 H_2 气氛下退火约 24 h 后，$COF_{TAPB-DHTA}$ 自支撑薄膜可以成功附着在纳米机械器件上(图 6-6)。

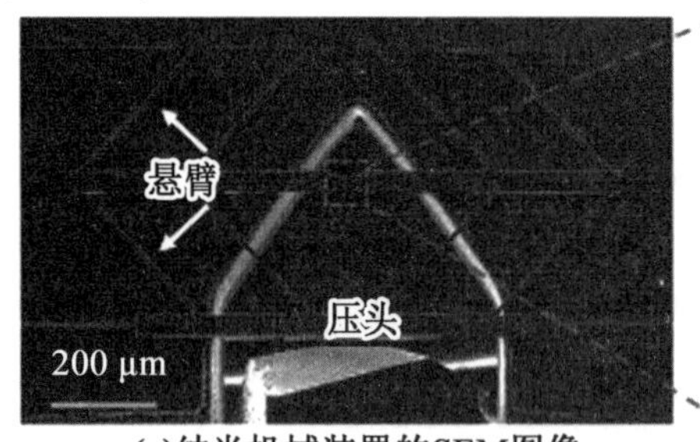

(a)纳米机械装置的SEM图像

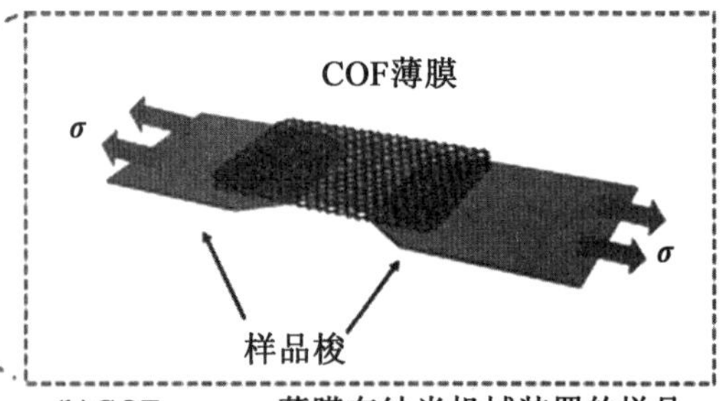

(b)$COF_{TAPB-DHTA}$薄膜在纳米机械装置的样品梭上/样品梭之间的单轴拉伸示意图

图 6-5 $COF_{TAPB-DHTA}$ 薄膜断裂强度和弹性模量的原位 SEM 力学测试

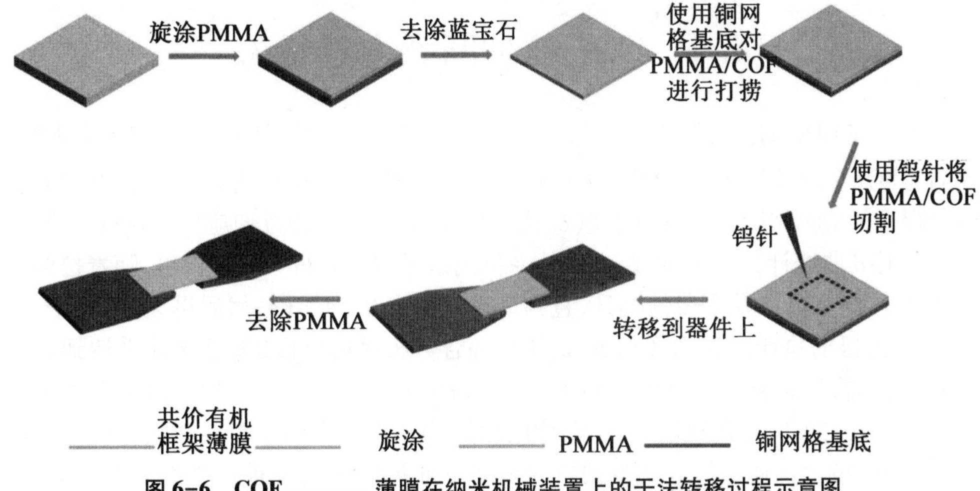

图 6-6　$COF_{TAPB-DHTA}$ 薄膜在纳米机械装置上的干法转移过程示意图

（薄膜可以很容易地转移到纳米机械装置而不会破裂）

退火后 $COF_{TAPB-DHTA}$ 的衍射峰强度略有降低，表明 $COF_{TAPB-DHTA}$ 在退火条件下具有良好的热稳定性（图 6-7）。

我们发现，当材料的尺寸减小到纳米级别时，特别是对于二维纳米材料，范德瓦耳斯相互作用在界面结合中占主导地位，并提供了足够的黏附力来牢固地固定这些二维样品。为了保证 $COF_{TAPB-DHTA}$ 薄膜与 Si 片之间的界面剪切力能够承受拉伸载荷直至试样完全断裂，$COF_{TAPB-DHTA}$ 薄膜与 Si 片之间的接触面积需要足够大。此外，由于 $COF_{TAPB-DHTA}$ 薄膜样品是人工制备的，采用聚焦离子束（FIB）对一些不平整的边缘进行修整，消除了不规则形状对力学测试结果的影响。

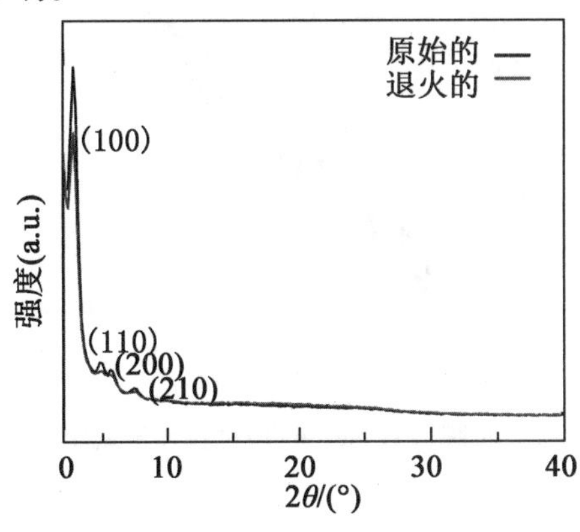

图 6-7　$COF_{TAPB-DHTA}$ 粉末在 400 ℃真空退火前后的 PXRD

6.4 COF 拉伸断裂力学行为

首先探究 COF 的拉伸断裂力学行为。图 6-8 显示了二维 $COF_{TAPB-DHTA}$ 纳米薄膜（薄膜样品宽度 w=17.27 μm）在 SEM 下进行原位拉伸测试的快照，图 6-9 所示为测得的在拉伸过程中的应力-应变（$\sigma-\varepsilon$）曲线（σ 代表拉伸应力，ε 代表拉伸应变），$\sigma-\varepsilon$ 曲线由拉力 F 与位移 δ 曲线计算得出，可以直接从原位测试过程中获得。可以看出，随着拉伸应变 ε 的增加，拉伸应力 σ 几乎线性上升，直到最大值约为 0.54 GPa，然后迅速下降到零。将原位 SEM 拍摄的拉伸断裂图像与 $\sigma-\varepsilon$ 曲线综合分析后可以得出，当 σ 几乎达到最大拉伸应力 σ_{max} 时，初始裂纹出现在了 $COF_{TAPB-DHTA}$ 的中心附近。然后，裂纹向下沿着垂直于加载方向的方向扩展直到到达 COF 薄膜的边缘，裂纹并没有向上扩展。随着拉伸载荷的增加，在 COF 的另一侧边缘处观察到新的裂纹并向下扩展，与先前产生的裂纹尖端合并，导致 COF 完全断裂。这表现为一种典型的 2D 纳米材料脆性断裂行为。

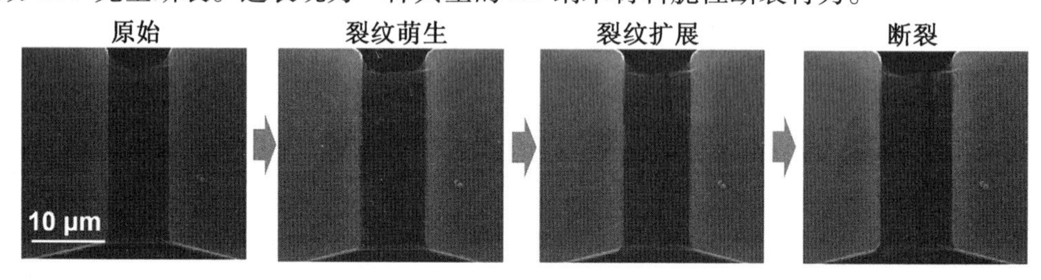

图 6-8　$COF_{TAPB-DHTA}$ 薄膜（Pri No. 6）原位拉伸测试的裂纹扩展全过程快照

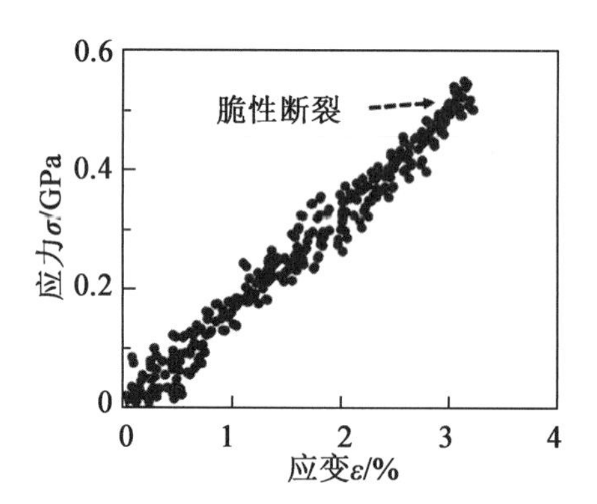

图 6-9　$COF_{TAPB-DHTA}$ 薄膜（Pri No. 6）原位拉伸测试中拉伸应力-应变曲线

6.5 COF 断裂强度和弹性模量

将 $\sigma-\varepsilon$ 曲线测量得到的最大拉伸应力 σ_{max} 的定义为断裂强度，本次实验共测试了 6 个原始样品（Pri No. 1~6），图 6-10 所示为对应的应力-应变曲线，相应的试样宽度 w、弹性模量 E 和断裂强度 σ_f 总结如表 6-1 所示。

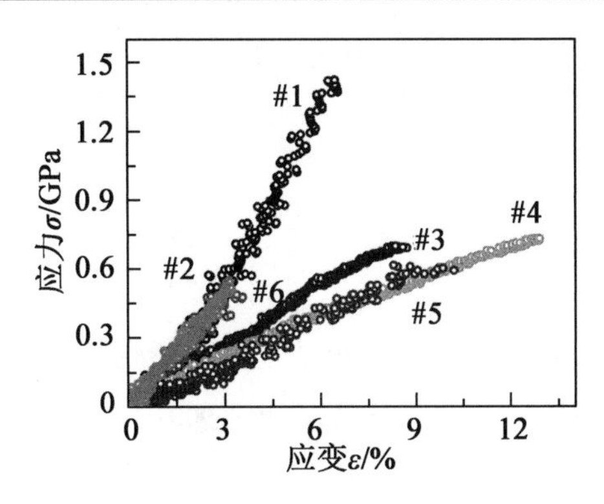

图 6-10　$COF_{TAPB-DHTA}$ 薄膜(Pri No. 1~6)的拉伸应力-应变曲线

表 6-1　$COF_{TAPB-DHTA}$ 薄膜的弹性模量 E 和断裂强度 σ_f

样品	宽度 w/μm	弹性模量 E/GPa	断裂强度 σ_f/GPa
1	17. 71	11. 26	1. 42
2	9. 73	10. 53	0. 53
3	24. 27	8. 28	0. 7
4	21. 17	6. 5	0. 73
5	9. 83	9. 24	0. 59
6	17. 27	16. 46	0. 54
平均值	—	10. 38±3. 42	0. 75±0. 34

最终 $COF_{TAPB-DHTA}$ 薄膜的弹性模量 E 和断裂强度 σ_f 分别被确定为(10. 38±3. 42)GPa 和(0. 75±0. 34)GPa。此外可以看出,实验所测数据具有较大的离散,主要原因可能是 COF 薄膜中存在一些不可避免的结构缺陷、样品污染以及不规则空隙和不同尺寸的晶界,这些都可能会影响机械测试结果。在此之上,我们猜想 COF 的手性特性也会影响其拉伸力学性能,但是沿加载方向准确确定其手性非常困难,这也是可能导致数据离散的一个原因。计算出的弹性模量 E 低于使用纳米压痕技术测量的厚度范围为 4~150 nm 的 COF 薄膜的 E(25. 9 GPa)。这种差异主要是由不同的装载和样品几何形状引起的。另外,虽然测得这种聚合物 COF 薄膜的力学性能比其他已知的 2D 纳米材料相对较弱(表 6-2),但是它与多种具有较大商业应用价值的凯夫拉薄膜以及尼龙和环氧基聚合物材料相比展现出十分大的优势(图 6-11)。

表 6-2　不同二维纳米材料力学性能总结

材料	测试方式	断裂强度/GPa	弹性模量/GPa	关键强度因子/$MPa\sqrt{m}$	引用
单层 GO	压缩	—	20. 76±23. 4	—	[49]
单层 GO	压缩	24. 7±4. 5	269±21	—	[50]

续表 6-2

材料	测试方式	断裂强度/GPa	弹性模量/GPa	关键强度因子/MPa$\sqrt{m}$	引用
多层 GO	拉伸	11±1	291±5	—	[51]
多层 GO	拉伸	—	—	5.9±2.4	[52]
单层石墨烯	压缩	130	1 000	—	[53]
多层石墨烯	拉伸	56~60	900~1 000	—	[54]
双分子层石墨烯	拉伸	100	—	4.0±0.6	[55]
单层 hBN	压缩	70.5±5.5	865±73	—	[56]
单层 MXene	压缩	17.3±1.6	333±30	—	[57]
单层 MoS_2	压缩	270±100	200±60	—	[58]
单层 $MoSe_2$	拉伸	4.8±0.9	177.2±9.3	—	[59]
COF 薄膜	拉伸	0.75±0.34	10.38±0.34	0.55±0.09	本实验

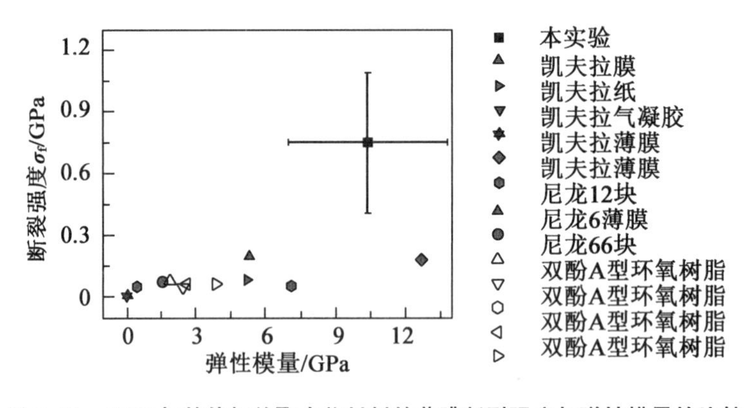

图 6-11 COF 与其他相关聚合物材料的薄膜断裂强度与弹性模量的比较

应该注意的是,包含凯夫拉纤维的对苯二甲酰胺(PPTA)的分子具有与 2D COF 相似的共价结构。凯夫拉薄膜和凯夫拉纤维通常被认为是最强的商业工程聚合物材料,拉伸强度为 3~4 GPa。然而,由于凯夫拉链状化学结构的限制,其实现二维面内共价交联非常困难。目前的凯夫拉薄膜是由凯夫拉基纳米纤维组装而成的,它们的力学性能是由纤维之间相对较弱的界面相互作用决定的,因为线性 PPTA 分子不能在平面二维方向上形成完美的共价结构。从这个角度来看,COF 是制备超强 2D 聚合物纳米材料的理想之选。

6.6 COF 断裂韧性

众所周知,材料的强度通常受被测样品中的缺陷分布影响,特别是对于脆性材料。为了量化材料预先存在的裂纹扩展对导致最终断裂的真实影响,即样品的断裂韧性,我们采用了脆性断裂的格里菲斯框架,使用通过 FIB 在二维 COF 中心制造预裂纹的薄膜样品进行测试。为了尽量减少高强度离子束撞击对样品造成的不可控损伤，首先将预裂纹的中心位置定位在电子束下方，然后快速定位至预定位置使用 FIB 快速加工薄膜（切割时间约为 15 s）形成了预裂纹，预裂纹长度定义为 α，范围为 236~1 159 nm（图 6-12）。

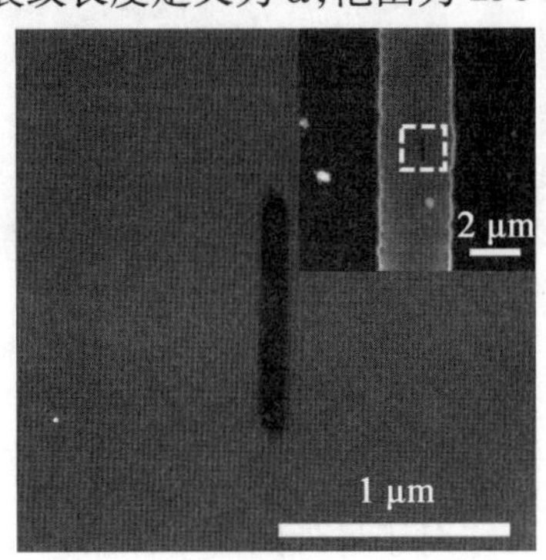

图 6-12　通过 FIB 制造的预裂纹 SEM 图

对 11 个不同预裂纹长度 α 的样品进行测试后，我们发现了两种截然不同的断裂行为。图 6-13（a）显示预裂纹长度为 $\alpha=895$ nm 的 COF（Pre No. 5）薄膜样品断裂前后的快照。可以看出，裂纹路径穿过了预裂纹，将这种其定义为 A 型断裂（Pre No. 1~9）。然后，我们使用这 9 个样品来计算二维 COF 的断裂韧性。对于极限宽度 w 和中心预裂纹的 2D 带材（$\alpha=2a_0$），基于格里菲斯模型，临界应力强度因子 K_c 可以表示如下：

$$K_c=\sigma_f\sqrt{\pi a_0}F(\alpha) \tag{6-1}$$

$$F(\alpha)=(1-0.025\alpha^2+0.06\alpha^4)\sqrt{\sec\left(\frac{\pi\alpha}{2}\right)} \tag{6-2}$$

式中，a_0 为预裂纹的半长度，$\alpha=2a_0/w$；$F(\alpha)$ 为描述边界条件的经验公式。需要注意的是，这里的 $\alpha\ll1$，也就是 $F(\alpha)\approx1$，因此式（6-1）可以简化如下：

$$K_c=\sigma_f\sqrt{\pi a_0} \tag{6-3}$$

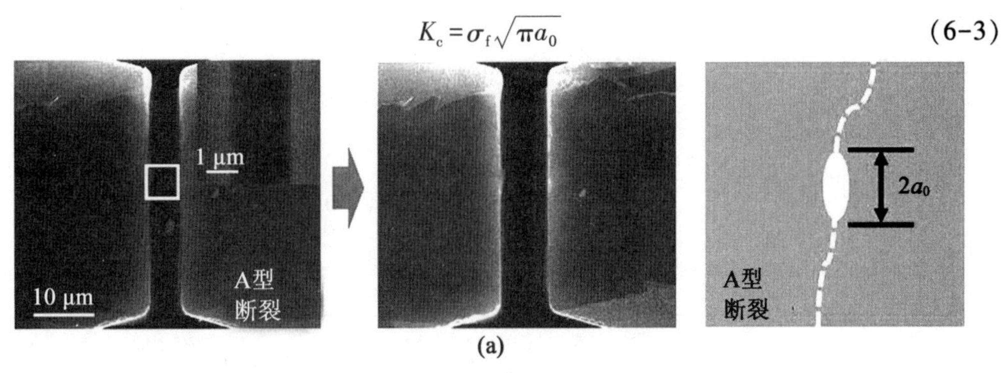

图 6-13　（a）预裂纹长度为 1 000 nm（Pre No. 5）的 $COF_{TAPB-DHTA}$ 原位拉伸断裂快照，其中示意图表明裂纹扩展是通过预裂纹传播的；（b）预裂纹长度为 236 nm $COF_{TAPB-DHTA}$ 的原位拉伸断裂快照，其中示意图表明断裂扩展对预裂纹不敏感

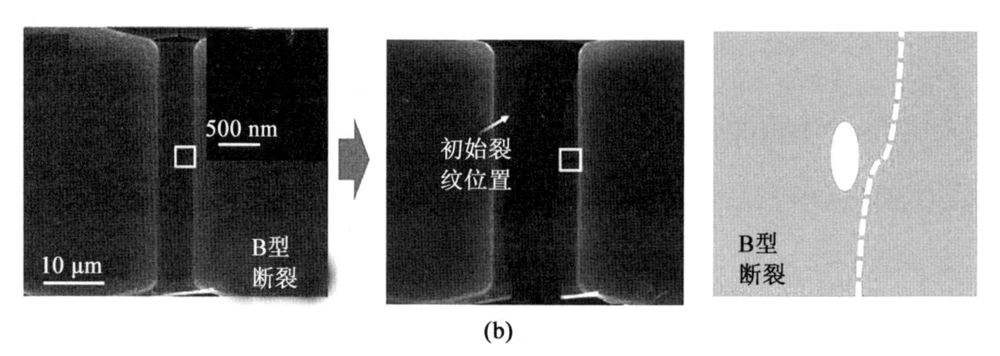

(b)

续图 6-13

基于式(6-3),K_c 可以定量计算。相关样品参数和计算结果汇总于表 6-3 中。计算出的 K_c 为(0.55±0.09)MPa$\sqrt{m}$。对于另外的两个样品(Pre No. 10 和 Pre No. 11),预裂纹长度 α 为 538 nm 和 236 nm,如图 6-14(b)所示(初始裂纹位置用白色箭头突出显示),发现最终断裂路径不会穿过预裂纹,将这种断裂行为定义为 B 型断裂。

表 6-3 $COF_{TAPB-DHTA}$ 不同预裂纹对应临界应力强度因子 K_c 和断裂类型

样品编号	裂纹长度 α /nm	宽度 w/mm	断裂强度 σ_f/GPa	临界应力强度因子 K_c /MPa$\sqrt{m}$	断裂类型
Pre No. 1	1108	16.57	0.27	0.5	A
Pre No. 2	1052	24.81	35	0.64	
Pre No. 3	936	11.61	0.32	0.55	
Pre No. 4	1159	20.3	0.37	0.71	
Pre No. 5	895	17.9	0.31	0.52	
Pre No. 6	427	12.93	0.39	0.45	
Pre No. 7	516	16.2	0.32	0.41	
Pre No. 8	456	20.86	0.49	0.59	
Pre No. 9	512	25.76	0.44	0.56	
平均值				0.55+0.09	
Pre no. 10	538	9.24	0.85	—	B
Pre no. 11	236	18.68	1.01	—	

6.7 COF 拉伸断裂对预裂纹不敏感现象分析

我们发现当裂纹扩展是从预裂纹开始时,断裂强度 σ_f 会随着预裂纹半长度 a_0 的增加而减小。但是,当 2D COF 薄膜断裂对预裂纹不敏感时,σ_f 不受这些预先存在的缺陷的影响,并且接近原始缺陷(图 6-14(a))。

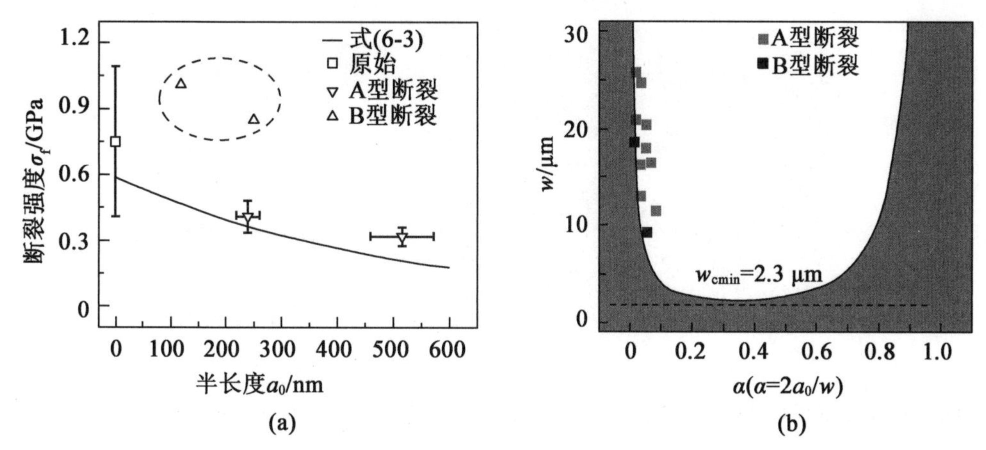

图 6-14　(a)断裂强度 σ_f 和预裂纹半长度 a_0 的关系,其中 A 型断裂曲线是根据式(6-3)获得;(b)临界带材宽度 w_c 和参数 α 的关系

图 6-14(a)中的曲线表明,对于 A 型断裂方式,这种 COF 薄膜遵循格里菲斯定律,薄膜的断裂强度随着预裂纹尺寸的增加而降低。然而,对于 B 型断裂,断裂强度对预裂纹不敏感。基于格里菲斯理论模型,临界样品宽度 w_c 的定义如下:

$$w_c = \frac{2K_c^2}{(1-\alpha)^2 \pi\alpha\sigma_f^2} \tag{6-4}$$

式中,μ 为比率,此处为 0.3。本研究得到的 K_c 和 σ_f 的平均值分别是 0.55 MPa$\sqrt{m}$ 和 0.75 GPa,将这些参数代入式(6-4)中,w 和 α 的关系如图 6-14(b)所示。对于给定值的 α,当样品宽度 $w \geqslant w_c$(图 6-14(b)浅色区域),断裂将从预裂纹开始。然而,当 $w<w_c$(图 6-14(b)深色区域),断裂对预裂纹不敏感。另外基于式(6-4)使用本研究的材料参数可以得到最小值 $w_{cmin}=2.3$ μm。当 $w<w_{cmin}$,这意味着裂纹扩展对所有尺寸的预裂纹不敏感(与给定 α 无关)。在本实验中,虽然所有测试样品的宽度 w 都大于 w_{cmin},但是获得的数据点都非常接近临界曲线。

另外,由于 COF 具有超大的六边形的微孔纳米结构,FIB 产生的预裂纹相对较圆滑(图 6-15(b))。因此,预裂纹可以近似地被认为是椭圆形的。如图 6-15(a)所示,根据 Inglis 理论,最大应力 σ_{max} 接近尖端,与预裂纹的大小和形状有关,可以表示为:

$$\sigma_{max} = \sigma_{\infty}(1+2a_0/b_0) \tag{6-5}$$

式中,σ_{∞} 为远离预裂纹的应力;b_0 为椭圆预裂纹的半宽度。根据式(6-5),可以推导出 σ_{max} 随着 b_0 的增加而降低。这意味着圆滑的缺陷可以抑制局部应力场,从而增加导致裂纹扩展的阈值。从这个角度来看,与其他 2D 纳米材料(如石墨烯)相比,COF 可能对缺陷更不敏感。

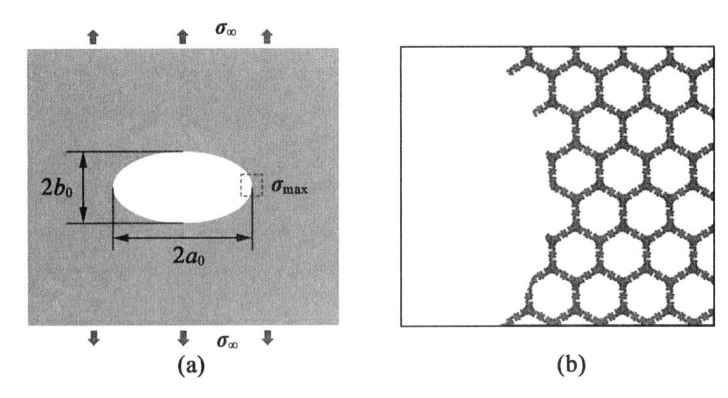

图 6-15 (a)COFTAPB-DHTA 薄膜预裂尖端形貌;(b)带有椭圆预裂纹的 COF 薄膜张力示意图

本章参考文献

[1] SPITLER E L, KOO B T, NOVOTNEY J L, et al. A 2D covalent organic framework with 4.7-nm pores and insight into its interlayer stacking[J]. Journal of the American Chemical Society, 2011, 133(48):19416-19421.

[2] DING S Y, WANG W. Covalent organic frameworks (COFs):From design to applications[J]. Chemical Society Reviews, 2012, 42(2):548-568.

[3] COLSON J W, WOLL A R, MUKHERJEE A, et al. Oriented 2D covalent organic framework thin films on single-layer graphene[J]. Science, 2011, 332(6026):228-231.

[4] GENG K, HE T, LIU R, et al. Covalent organic frameworks:Design, synthesis, and functions[J]. Chemical Reviews, 2020, 120(16):8814-8933.

[5] HUANG N, WANG P, JIANG D. Covalent organic frameworks:A materials platform for structural and functional designs[J]. Nature Reviews Materials, 2016, 1(10):1-19.

[6] EL-KADERI H M, HUNT J R, MENDOZA-CORTÉS J L, et al. Designed synthesis of 3D covalent organic frameworks[J]. Science, 2007, 316(5822):268-272.

[7] CÔTÉ A P, BENIN A I, OCKWIG N W, et al. Porous, crystalline, covalent organic frameworks[J]. Science, 2005, 310(5751):1166-1170.

[8] KUEHL V A, YIN J, DUONG P H H, et al. A highly ordered nanoporous, two-dimensional covalent organic framework with modifiable pores, and its application in water purification and ion sieving[J]. Journal of the American Chemical Society, 2018, 140(51):18200-18207.

[9] FENG X, DING X, JIANG D. Covalent organic frameworks[J]. Chemical Society Reviews, 2012, 41(18):6010-6022.

[10] HAO Q, ZHAO C, SUN B, et al. Confined synthesis of two-dimensional covalent organic framework thin films within superspreading water layer[J]. Journal of the Ameri-

can Chemical Society, 2018, 140(38):12152-12158.

[11] SANDOZ-ROSADO E, BEAUDET T D, ANDZELM J W, et al. High strength films from oriented, hydrogen-bonded "graphamid" 2D polymer molecular ensembles[J]. Scientific Reports, 2018, 8(1):3708.

[12] SAHABUDEEN H, QI H, GLATZ B A, et al. Wafer-sized multifunctional polyimine-based two-dimensional conjugated polymers with high mechanical stiffness[J]. Nature Communications, 2016, 7(1):13461.

[13] JHULKI S, EVANS A M, HAO X L, et al. Humidity sensing through reversible isomerization of a covalent organic framework[J]. Journal of the American Chemical Society, 2020, 142(2):783-791.

[14] WEI X, MAO L, SOLER-CRESPO R A, et al. Plasticity and ductility in graphene oxide through a mechanochemically induced damage tolerance mechanism[J]. Nature Communications, 2015, 6(1):8029.

[15] LEE C, WEI X, KYSAR J W, et al. Measurement of the elastic properties and intrinsic strength of monolayer graphene[J]. Science, 2008, 321(5887):385-388.

[16] CAO C, DALY M, SINGH C V, et al. High strength measurement of monolayer graphene oxide[J]. Carbon, 2015, 81:497-504.

[17] LEE G H, COOPER R C, AN S J, et al. High-strength chemical-vapor-deposited graphene and grain boundaries[J]. Science, 2013, 340(6136):1073-1076.

[18] POOT M, VAN DER ZANT H S J. Nanomechanical properties of few-layer graphene membranes[J]. Applied Physics Letters, 2008, 92(6):063111.

[19] SUK J W, PINER R D, AN J, et al. Mechanical properties of monolayer graphene oxide[J]. ACS Nano, 2010, 4(11):6557-6564.

[20] FALIN A, CAI Q, SANTOS E J G, et al. Mechanical properties of atomically thin boron nitride and the role of interlayer interactions[J]. Nature Communications, 2017, 8(1):15815.

[21] BERTOLAZZI S, BRIVIO J, KIS A. Stretching and breaking of ultrathin MoS_2[J]. ACS Nano, 2011, 5(12):9703-9709.

[22] LIU K, YAN Q, CHEN M, et al. Elastic properties of chemical-vapor-deposited monolayer MoS_2, WS_2, and their bilayer heterostructures[J]. Nano Letters, 2014, 14(9):5097-5103.

[23] YANG Y, LI X, WEN M, et al. Brittle fracture of 2D $MoSe_2$[J]. Advanced Materials, 2017, 29(2):1604201.

[24] ZHANG P, MA L, FAN F, et al. Fracture toughness of graphene[J]. Nature Communications, 2014, 5(1):3782.

[25] LI P, JIANG C, XU S, et al. In situ nanomechanical characterization of multi-layer MoS_2 membranes: From intraplanar to interplanar fracture[J]. Nanoscale, 2017, 9(26):9119-9128.

[26] CAO C, MUKHERJEE S, HOWE J Y, et al. Nonlinear fracture toughness measurement and crack propagation resistance of functionalized graphene multilayers[J]. Science Advances, 2018, 4(4):eaao7202.

[27] GAO H, JI B, JAGER I L, et al. Materials become insensitive to flaws at nanoscale: Lessons from nature[J]. Proceedings of the National Academy of Sciences of the United States of America, 2003, 100(10):5597-5600.

[28] KUMAR S, HAQUE M A, GAO H. Notch insensitive fracture in nanoscale thin films [J]. Applied Physics Letters, 2009, 94(25):253104.

[29] ENSSLEN C, BRANDL C, RICHTER G, et al. Notch insensitive strength and ductility in gold nanowires[J]. Acta Materialia, 2016, 108:317-324.

[30] HAN Y, FENG S, CAO K, et al. Large elastic deformation and defect tolerance of hexagonal boron nitride monolayers[J]. Cell Reports Physical Science, 2020, 1(8): 100172.

[31] ZHANG T, LI X, KADKHODAEI S, et al. Flaw insensitive fracture in nanocrystalline graphene[J]. Nano Letters, 2012, 12(9):4605-4610.

[32] BEAGLE L K, FANG Q, TRAN L D, et al. Synthesis and tailored properties of covalent organic framework thin films and heterostructures[J]. Materials Today, 2021, 51: 427-448.

[33] ZHANG J, LOYA P, PENG C, et al. Quantitative in situ mechanical characterization of the effects of chemical functionalization on individual carbon nanofibers[J]. Advanced Functional Materials, 2012, 22(19):4070-4077.

[34] LU Y, SONG J, HUANG J Y, et al. Fracture of sub-20 nm ultrathin gold nanowires [J]. Advanced Functional Materials, 2011, 21(20):3982-3989.

[35] GANESAN Y, PENG C, LU Y, et al. Effect of nitrogen doping on the mechanical properties of carbon nanotubes[J]. ACS Nano, 2010, 4(12):7637-7643.

[36] HACOPIAN E F, YANG Y, NI B, et al. Toughening graphene by integrating carbon nanotubes[J]. ACS Nano, 2018, 12(8):7901-7910.

[37] GOJNY F H, WICHMANN M H G, FIEDLER B, et al. Influence of different carbon nanotubes on the mechanical properties of epoxy matrix composites-a comparative study [J]. Composites Science and Technology, 2005, 65(15):2300-2313.

[38] WANG F, WU Y, HUANG Y, et al. Strong, transparent and flexible aramid nanofiber/POSS hybrid organic/inorganic nanocomposite membranes[J]. Composites Science and Technology, 2018, 156:269-275.

[39] KWON S R, HARRIS J, ZHOU T, et al. Mechanically strong graphene/aramid nanofiber composite electrodes for structural energy and power[J]. ACS Nano, 2017, 11 (7):6682-6690.

[40] LYU J, LIU Z, WU X, et al. Nanofibrous Kevlar aerogel films and their phase-change composites for highly efficient infrared stealth[J]. ACS Nano, 2019, 13(2):2236-

2245.
[41] CAO K, SIEPERMANN C P, YANG M, et al. Reactive aramid nanostructures as high-performance polymeric building blocks for advanced composites[J]. Advanced Functional Materials, 2013, 23(16):2072-2080.
[42] ZHU J, CAO W, YUE M, et al. Strong and stiff aramid nanofiber/carbon nanotube nanocomposites[J]. ACS Nano, 2015, 9(3):2489-2501.
[43] ROY S, TANG X, DAS T, et al. Enhanced molecular level dispersion and interface bonding at low loading of modified graphene oxide to fabricate super nylon 12 composites[J]. ACS Applied Materials & Interfaces, 2015, 7(5):3142-3151.
[44] XU J, LIU C, HSU P C, et al. Roll-to-roll transfer of electrospun nanofiber film for high-efficiency transparent air filter[J]. Nano Letters, 2016, 16(2):1270-1275.
[45] CHOI E Y, KIM K, KIM C K, et al. Reinforcement of nylon 6,6/nylon 6,6 grafted nanodiamond composites by in situ reactive extrusion[J]. Scientific Reports, 2016, 6(1):37010.
[46] THOMAS R, YUMEI D, YUELONG H, et al. Miscibility, morphology, thermal, and mechanical properties of a DGEBA based epoxy resin toughened with a liquid rubber[J]. Polymer, 2008, 49(1):278-294.
[47] WANG M, FAN X, THITSARTARN W, et al. Rheological and mechanical properties of epoxy/clay nanocomposites with enhanced tensile and fracture toughnesses[J]. Polymer, 2015, 58:43-52.
[48] QI B, ZHANG Q X, BANNISTER M, et al. Investigation of the mechanical properties of DGEBA-based epoxy resin with nanoclay additives[J]. Composite Structures, 2006, 75(1):514-519.
[49] SUK J W, PINER R D, AN J, et al. Mechanical properties of monolayer graphene oxide[J]. ACS Nano, 2010, 4(11):6557-6564.
[51] CAO C, DALY M, CHEN B, et al. Strengthening in graphene oxide nanosheets: Bridging the gap between interplanar and intraplanar fracture[J]. Nano Letters, 2015, 15(10):6528-6534.
[52] CAO C, MUKHERJEE S, HOWE J Y, et al. Nonlinear fracture toughness measurement and crack propagation resistance of functionalized graphene multilayers[J]. Science Advances, 2018, 4(4):eaao7202.
[53] LEE C, WEI X, KYSAR J W, et al. Measurement of the elastic properties and intrinsic strength of monolayer graphene[J]. Science, 2008, 321(5887):385-388.
[54] CAO K, FENG S, HAN Y, et al. Elastic straining of free-standing monolayer graphene[J]. Nature Communications, 2020, 11(1):284.
[55] ZHANG P, MA L, FAN F, et al. Fracture toughness of graphene[J]. Nature Communications, 2014, 5(1):3782.
[56] FALIN A, CAI Q, SANTOS E J G, et al. Mechanical properties of atomically thin bo-

ron nitride and the role of interlayer interactions[J]. Nature Communications, 2017, 8 (1):15815.

[57] LIPATOV A, LU H, ALHABEB M, et al. Elastic properties of 2D $Ti_3C_2T_x$ MXene monolayers and bilayers[J]. Science Advances, 2018, 4(6):eaat0491.

[58] BERTOLAZZI S, BRIVIO J, KIS A. Stretching and breaking of ultrathin MoS_2[J]. ACS Nano, 2011, 5(12):9703-9709.

[59] YANG Y, LI X, WEN M, et al. Brittle fracture of 2D $MoSe_2$[J]. Advanced Materials, 2017, 29(2):1604201.

[60] MANSOUR G, TSONGAS K, TZETZIS D. Investigation of the dynamic mechanical properties of epoxy resins modified with elastomers[J]. Composites Part B: Engineering, 2016, 94:152-159.

[61] GAO H, CHEN S. Flaw tolerance in a thin strip under tension[J]. Journal of Applied Mechanics, 2005, 72(5):732-737.

[62] CHENOWETH K, VAN DUIN A C T, GODDARD W A. ReaxFF reactive force field for molecular dynamics simulations of hydrocarbon oxidation[J]. Journal of Physical Chemistry A, 2008, 112(5):1040-1053.